03.20 | 2個月

新手的疏漏

這書測量嬰兒的體重，聊聊產後的光況。

兆媽應到了既害差看我的小孩亂畫情報。

為奶攤不足，他四個小孩的飯沒吃飽。

03.23 | 2 個月

手眼協調

寶寶會一直緊盯著自己的手的行為稱作「手眼協調」。

過沒多久，就會開始亂舔。手可是很方便的呢。

삶의 한 조각

Slice of Life

contents

1.

產後 1 個月～ 5 個月

咚咚期

一轉眼間新生兒就變成了「咚咚」。
咚咚是《超級瑪利歐兄弟》中會落下的巨岩敵人，
因為長得實在太神似了，
所以在我家就被叫做「咚咚」。

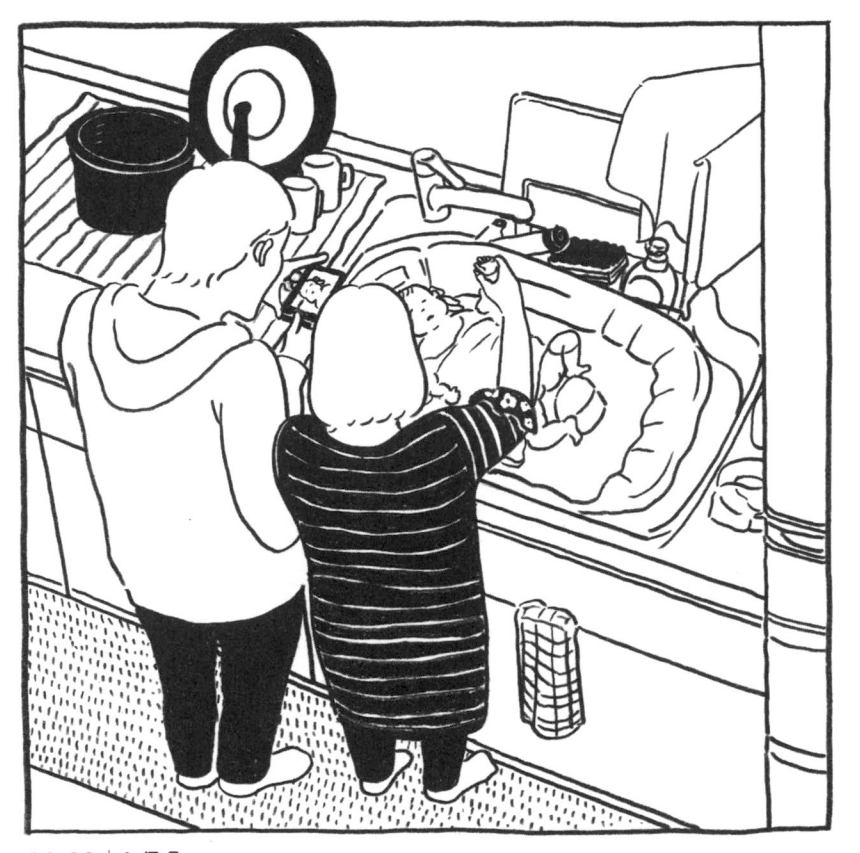

02.28 | 1個月

沐浴

有先將洗澡的影片拍下來真是太好了。

「因為手腕處會堆積髒汙，這裡要特別仔細清洗。」如此說明著。

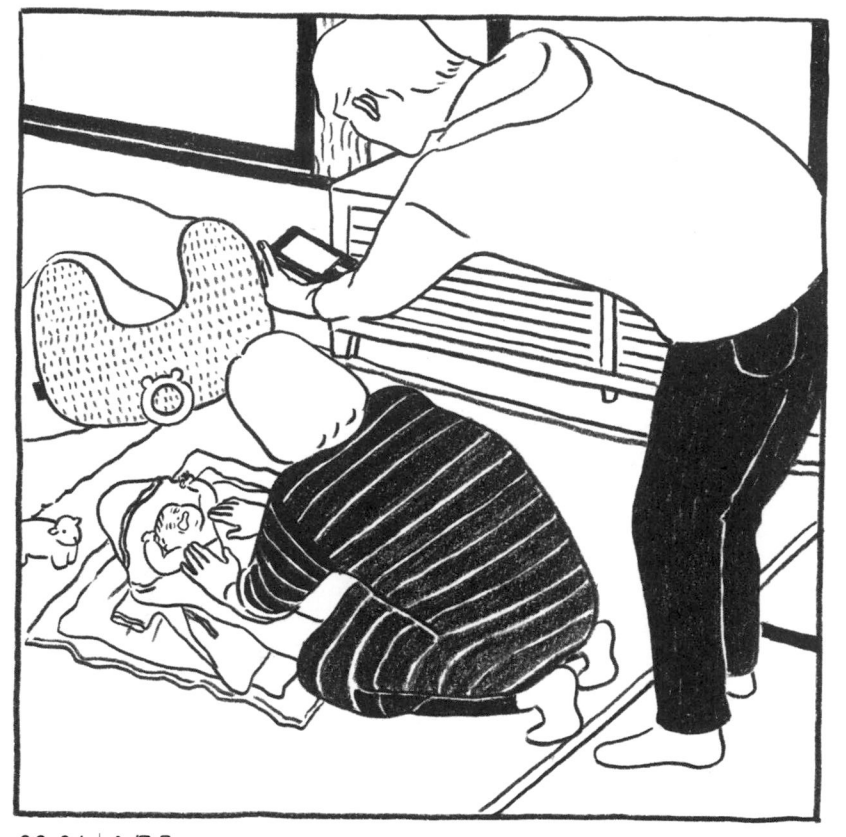

03.04 | 1個月

沐浴組和攝影組

從嬰兒沐浴結束到包上浴巾為止，每次必哭。

「因為小嬰兒討厭冷，所以動作要快一點喔。」回憶起了助產師的建議。

03.09 | 1個月

會吸吮所有靠近的東西

寶寶一旦餓了，要是將手指靠近她嘴邊就會被吸住。而且是用盡力氣的緊吸。
沒有母乳可餵的先生，可用這招當作寶寶是否肚子餓的指標。

03.26 | 2 個月

微微笑

笑容是偉大的。笑容會奪走你的心，可愛得讓人心跳加速。

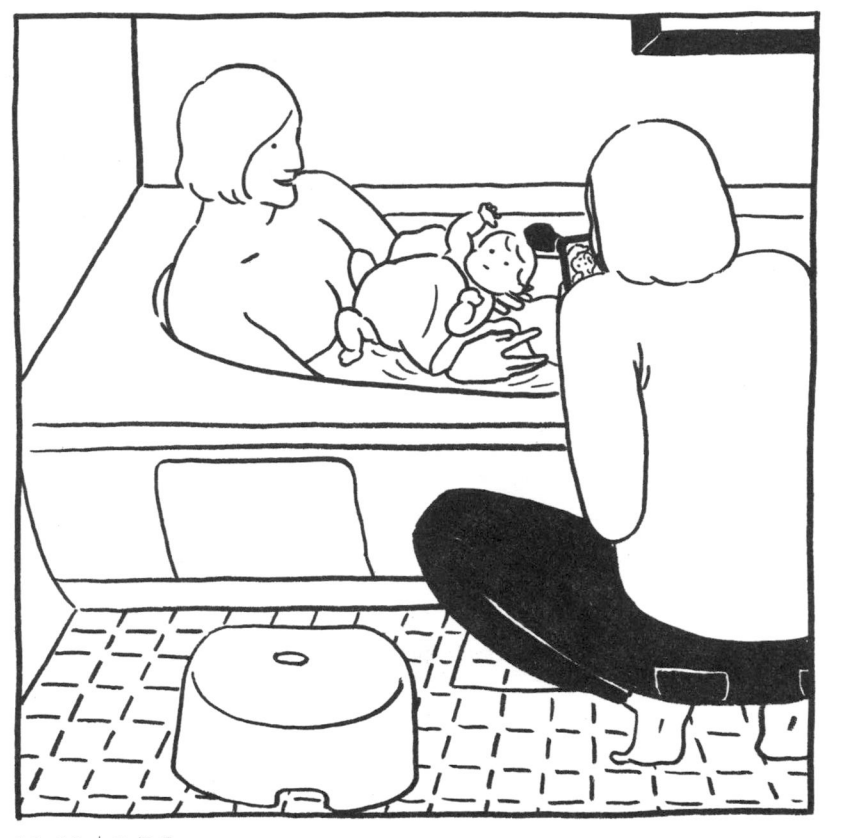

03.29 | 2 個月

初次泡澡

因為是在隆冬出生，所以初次的浴缸泡澡是在天氣回暖之後。
嫌麻煩的時候就換成嬰兒浴盆，暫時就以這兩種模式來泡澡。

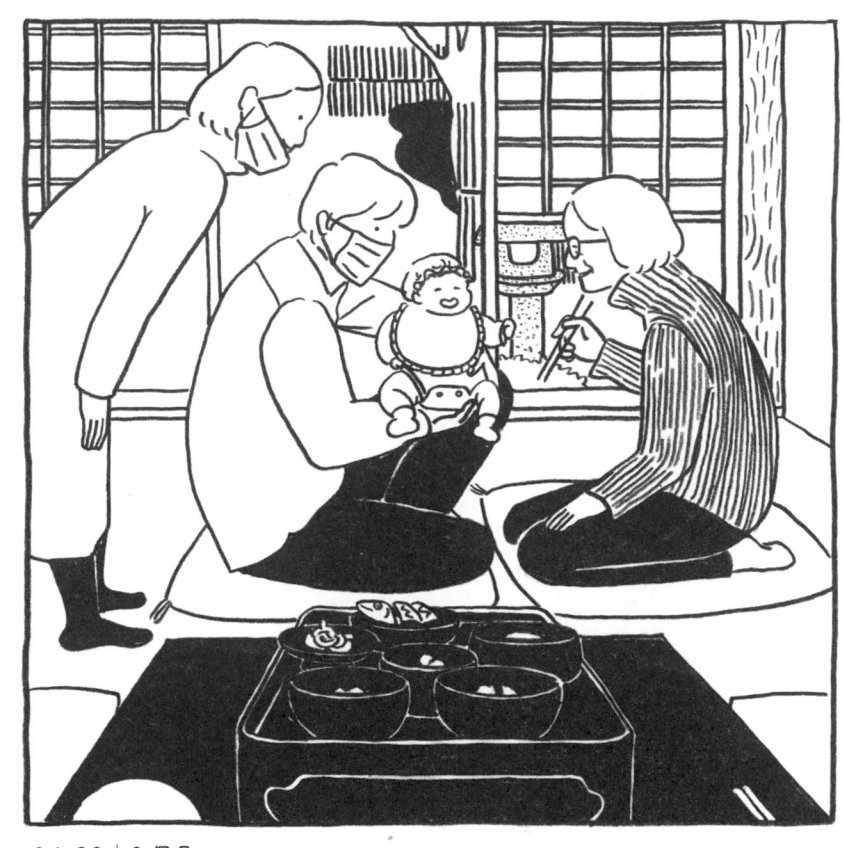

04.29 ｜ 3 個月

初食宴

在附近的餐廳舉辦寶寶初食宴。用模仿餵食，來祈求一輩子不愁吃喝。

經歷多次的慶祝儀式後，真切感受到這個孩子是被祝福的存在。

我們夫妻倆則因為感冒了所以都戴上口罩。

05.17 | 3個月

副食品研習課

　　雖然以時間來說還早，我還是參加了副食品的研習課。

　　在一旁看著的我覺得很絕望，想不到居然要做這麼麻煩的事。

　　回家的路上，被豆腐店的老闆娘鼓勵道：「隨便做做就好了啦。」讓我安心不少。

05.18 | 3 個月

就將照顧小孩交給文明的利器

空閒的時候就會睡覺。

但也是有只有我一個人在睡覺的時候，這時就會用筆電播放影片給寶寶看。

能睡的時候就睡是我的原則。

05.22 ｜ 4 個月

午睡

覺得這就是家的風景。

5 月天氣好的日子，吹入的風很舒服。

家人們正在午睡的光景讓人心情愉快。

06.03 | 4 個月

大醫院

女兒出生時，肚子上有一顆紅色的痣。

雖然沒有什麼特別的影響，但考量美觀的緣故，為了討論要不要拿掉而來看診。

醫生是說可以開藥，但因為不知道有沒有效果，所以我們決定就先不處理了。

06.14 | 4個月

人生中最胖嘟嘟的時期

大腿出現了皺褶，就像多了第二個屁股般胖嘟嘟的。

我超喜歡這第二個屁股。

寶寶一旦長大後就無法再回味這肉感，令我感到很寂寞。

07.01 ｜ 5 個月

獨自坐起來

「咦，自己一個人坐起來了？」以這種感覺，順利地辦到了。

相反地，翻身卻很慢，到現在都還沒有自己翻身過這點，讓我很擔心。

現在想起來，這也是女兒自己的步調吧。

07.05 | 5 個月

喜歡風

比起任何的玩具，扇子更能讓她發笑。

她會在搧風的瞬間露出驚訝的表情，然後轉變為笑臉。

只要說「要搧了喔，要搧了喔」，她就會露出興奮的表情。

07.15 | 5 個月

每天的大多時候

就算是因為母乳量不足夠而選擇混合哺乳的我，
也是有「只用母乳餵奶」的這種日子。

07.16 | 5個月

在夜裡換尿布

不可思議地是，從孩子的哭法就能知道「啊啊是大便了啊」，我如此疲倦地心想。
然而，我想不通的是只吃母乳和奶粉居然也能產出大便。

2.

產後 6 個月～8 個月

舔舔溝通期

從自己的拳頭，到各種東西都會舔。

玩具、毛巾、人的手。

是透過舔舔來進行溝通的吧。

07.19 | 6 個月

「等一下喔！」成了我的口頭禪

洗澡的時候，會讓門開著。

和寶寶講話、唱歌，和寶寶說「我在這裡唷。」

還有一直說「等一下，再等一下下喔。」

07.20 | 6 個月

邊看書邊搖嬰兒搖椅

我很不擅長一心多用。

要是不時時盯著女兒，罪惡感便會油然而生。

然而自己的時間也是有限，即使不擅長也只能不斷從錯誤中學習。

07.22 | 6 個月

飛過天空，飛過城填，咻咻咻咻咻～（再一次）

有個絕對會讓小嬰兒笑開懷的遊戲。那就是讓寶寶搭著我的腳，讓她在空中飛。

因為是初次育兒，知道的親子遊戲選項也不多。

所以每種都來試看看，探索寶寶的愛好。

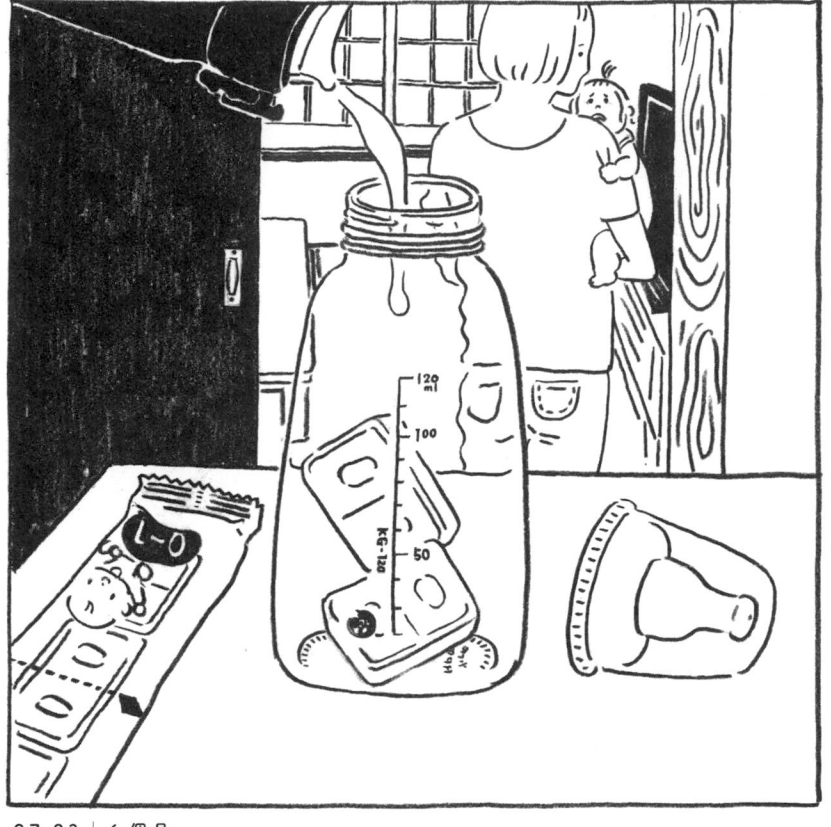

07.23 | 6個月

牛奶馬上來喔

雖然沒有豐沛的母乳,但混合配方奶的好處是,丈夫也可以餵奶。
即使半夜也得不厭其煩地爬起來餵奶,日積月累地培養出信賴感。

07.25 | 6 個月

塗上過季的色彩

和孩子兩個人相處的時候，也會有覺得「就像被社會拋棄」的這種瞬間。

因為無法出門去買當季的顏色，只好塗手邊現有的顏色安慰自己。

07.27 ｜ 6 個月

喜歡鏡子

總之女兒喜歡照鏡子。

看著鏡中映照的小嬰兒，什麼時候才會發現到那就是自己呢？

07.29 | 6 個月

產後，如恐怖片般的掉髮

朋友跟我說「還會再長回來的所以沒關係啦」。

但是，沒料到居然會掉得這麼嚴重。就連髮量豐沛的我也要禿了嗎？我這樣煩惱著。

現在總算長回來了。

07.31 | 6 個月

測量體重

體重沒有減輕。

期待著無論怎麼吃都會瘦的說法的我，但吃下去的份都實實在在地轉為增長的體重。

08.02 | 6個月

因為有哺乳室所以可以外出

從前懶得出門的我，在育嬰時卻反了過來。要是不出門的話就會撐不下去，喘不過氣。

這種時刻，想到要去的地方會有哺乳室，就能安心出門了。外出的堡壘，哺乳室。

08.04 | 6 個月

各做各的事

女兒發育比較慢還不會自己翻身，仰躺的時期很長。

我會讓她睡在旁邊，自己則拿著手撕起司條，一邊看《新世紀福爾摩斯》。

08.07 | 6個月

身上背著寶寶是沒辦法試穿衣服的

我認為服裝是表現自我的單品之一。

雖然自己並不時尚，卻很喜歡看新衣服。

因為很不甘心，所以也曾發生過我先讓寶寶躺在試衣間裡，自己硬要試穿的經歷。

08.09 | 6 個月

到底是為什麼才這麼難過呢？

因為不明原因的嚎啕大哭，次數不算多但也發生過幾次。

哭個不停、哭個不停，之後就交給先生接手。

「帶去便利商店後就不哭了～」先生悠閒地回來了，比起容易想太多的我還勝任。

08.11 | 6 個月

今天會吃嗎……

開始吃副食品的時間有點晚了。

一開始都試著做了看看，但老實說寶寶對生協的冷凍粥比較有胃口。

至少有吃比不吃好，所以說之後就買現成的了。

08.14 | 6個月

比任何人都還要佔空間

為什麼小孩沒辦法和父母一樣睡得直直的呢。
這樣不就沒辦法一起擠進狹小的床鋪中了嗎。

08.16 | 6 個月

多了掃地功能的褓母機

在查資料的當下，怕女兒無聊，便把米飛兔放在掃地機器人上面，結果頗受好評。

說是好評，就是她一動也不動，目光緊盯著掃地機器人，對於顧小孩來說已經足夠了。

08.18 | 6 個月

在車廂連結處放鬆心情

我能明白大家都很願意體諒。

但當寶寶真的哭到不知道該怎麼安撫才好的時候，周遭的人也會覺得自己很倒楣吧。

在無計可施的情況下，我來到車廂連結處喘口氣。

08.21 | 7 個月

睡著後的模樣看起來很聰明啊

睡臉真的是神聖的。

話雖如此,剛睡醒時迷糊的臉也很可愛、笑臉也很可愛,

當然哭臉也很可愛。總而言之是妳贏了!

08.23 | 7 個月

對任何東西都會出手

在生小孩之前都沒注意到，永旺夢樂城的美食街真是養小孩的好幫手。

因為每個人想吃的東西都不一樣。

08.25 | 7 個月

電量耗盡

追不上小嬰兒的電量，高齡產婦真辛苦。

08.28 ｜ 7 個月

好像知道是同類

和同齡的小孩見面後，雖然還不到一起玩的程度，
但感覺有引起興趣，有意識到對方的樣子。

08.30 | 7 個月

妳會喜歡什麼呢？

我喜歡煙燻鮭魚，而女兒究竟會喜歡什麼呢？
好期待知道她喜歡什麼的那天到來。

09.01 | 7 個月

睡臉搖滾區

貼近睡臉，緊盯著瞧。多麼可愛的生物啊！
每晚都在第一排欣賞。

09.04 | 7 個月

不合身了

到了當初買的嬰兒服開始變短小的季節。

褲襠的扣子扣不起來，給她穿短褲的話總有辦法的。

09.06 | 7 個月

再等我一下下

工作的空檔，為了讓女兒等我，購入了跳跳樂鞦韆這個產品。

在還需要一點時間的時候，女兒大哭了。

09.11 ｜ 7 個月

等待著眼神交會

因為女兒不管是說話還是開始走路都比較晚，坐著的期間很長，

這對在家工作的我來說算幫了大忙。

察覺到目光對上眼就會微微地笑，這樣的瞬間讓人不禁感動。

09.13 | 7 個月

雖然不想參加托育研習，但是、但是……

不將孩子送去托兒所的話，就無法工作。

不情願地去諮詢了托育研習的事情。

雖然很麻煩，但不跨越這道關卡的話就沒有未來。

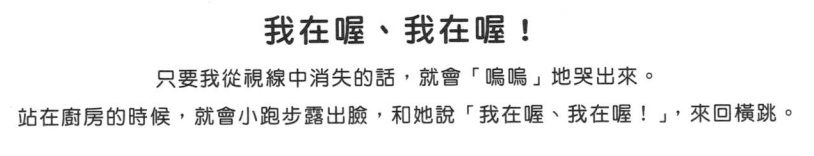

09.15 | 7個月

我在喔、我在喔！

只要我從視線中消失的話，就會「嗚嗚」地哭出來。

站在廚房的時候，就會小跑步露出臉，和她說「我在喔、我在喔！」，來回橫跳。

09.20 | 8個月

看到刷牙就會笑

只要我一刷牙，她就會哈哈大笑。

是動作很有趣嗎？到底是為什麼呢？

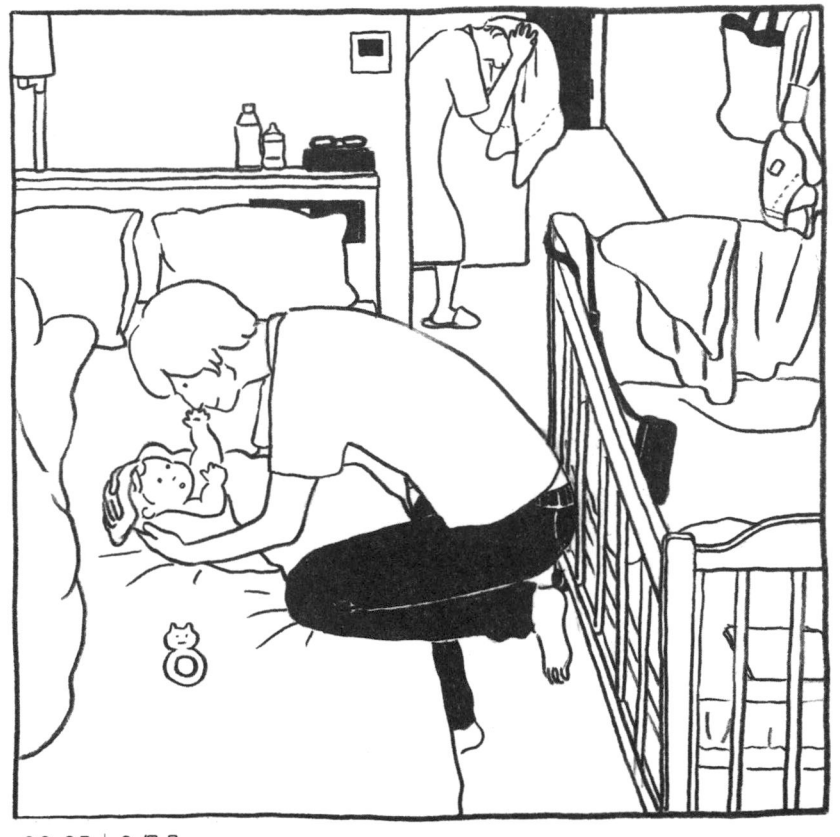

09.27 ｜ 8 個月

出外旅行也在做相同的事

這次是丈夫工作時的休息時間。

也沒辦法去很棒的餐廳裡吃飯，在狹小的飯店裡依舊做著跟在家相同的事。

10.03 | 8 個月

看來是暫時無法入睡

寶寶剛洗完澡的興致非常高昂，讓我有了她暫時還不會睡覺的覺悟。

10.10 | 8 個月

正要出門時就會大便的人

準備好要出門的時候就會大便呢，雖然是沒有關係啦。

短暫外出的

攜帶物品清單（8個月左右）

本體

先餵完母乳和配方奶。

← 口水墊

嬰兒揹帶
ergobaby

和錢包一體成型的肩背包、
母嬰手冊、健保卡、
學齡前幼兒醫療證、
通通裝一起，很方便。

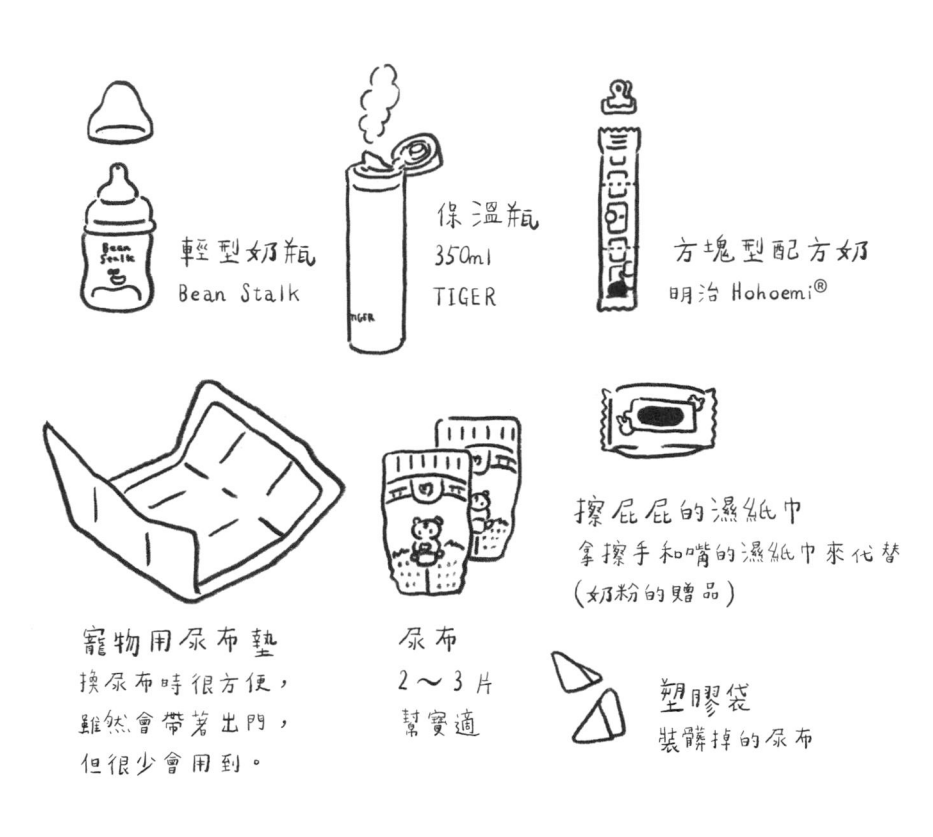

輕型奶瓶
Bean Stalk

保溫瓶
350ml
TIGER

方塊型配方奶
明治 Hohoemi®

擦屁屁的濕紙巾
拿擦手和嘴的濕紙巾來代替
(奶粉的贈品)

寵物用尿布墊
換尿布時很方便，
雖然會帶著出門，
但很少會用到。

尿布
2～3片
幫寶適

塑膠袋
裝髒掉的尿布

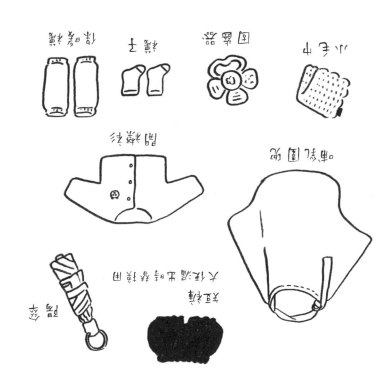

3.

産後 9 個月〜 11 個月

人類期

長出牙齒，開始吃副食品，
大便變臭……逐漸更像人類的時期。
笑臉、哭臉、等等感覺情緒大爆發
讓她變得無敵可愛。

10.19 | 9 個月

這樣會有效嗎？

因為要餵母乳，所以不太能吃藥，
只喝營養飲料的感冒患者。

10.23 | 9 個月

啊！嚇到了

有在搗蛋的自覺啊～發生了讓人這麼覺得的事件。

10.29 | 9 個月

是考驗啊

還不會討厭上醫院，對醫生也是笑瞇瞇的。

也還不知道下個瞬間會發生什麼事。之後還是有預防針要打喔！

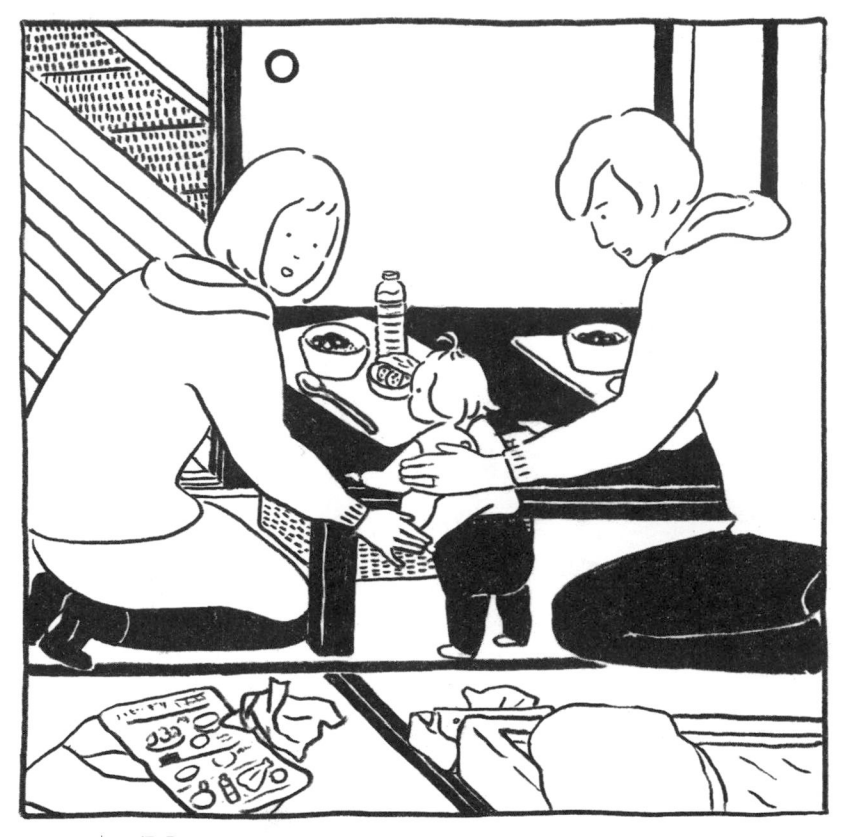

11.04 ｜ 9 個月

已經可以自己站著了嗎

再次驚訝於成長的速度。

明明前一陣子還只是翻來滾去地在睡覺而已。

11.07 | 9 個月

吸入寶寶睡著時呼出來的氣的媽媽圖

會被覺得是變態嗎？如此想著發了文，結果獲得很多人的認同，於是安心地畫了圖。
我還會再這麼做的。

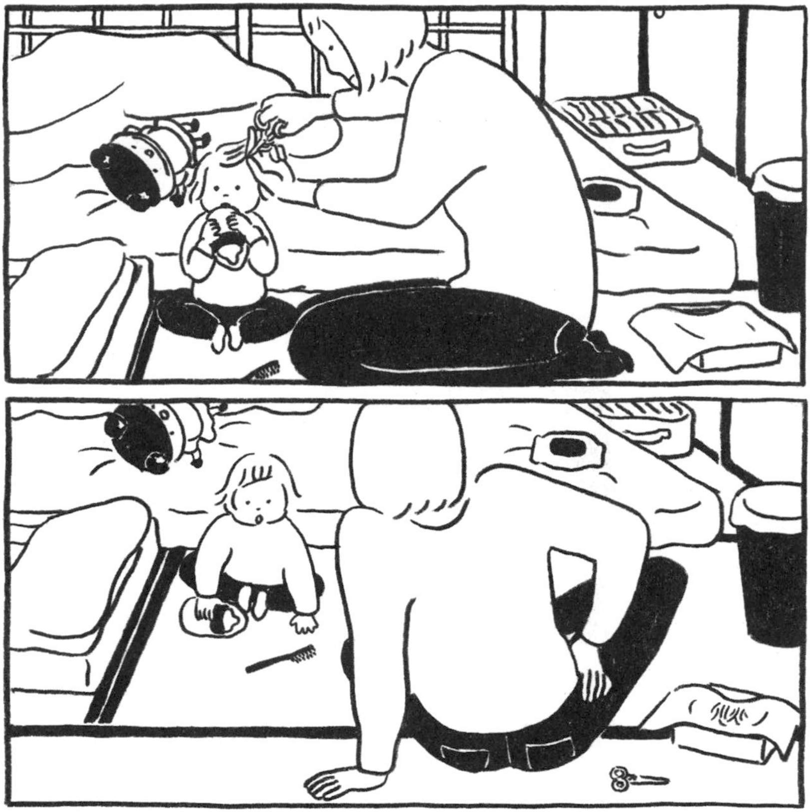

11.10 ｜ 9 個月

胎毛筆

女兒剛出生時的頭髮就很多，所以胎毛筆在很小的時候就做了。

即使是小孩，要是隨便剪頭髮的話也會傷到他們的自尊（是誇張了點），

不提升自己的修頭髮技術不行啊。

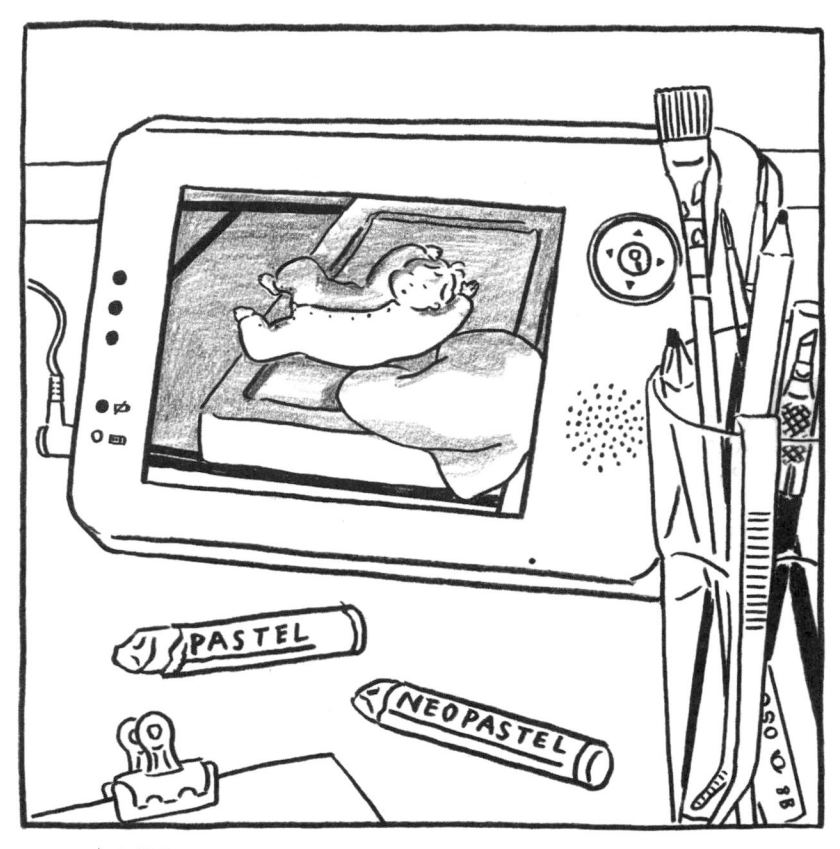

11.14 | 9 個月

睡相啊

在工作很多的那陣子，裝設了寶寶監看器。

突然看見她的睡相，到底是怎麼變成那樣的啊，忍不住笑了出來。

11.20 | 10 個月

你們這個世代的兒童節目

妳以後一定會有覺得自己小時候看的節目很懷念的時刻。

我小時候，也想過要和兒童節目裡的布偶結婚呢，結果呢⋯⋯？

11.22 | 10 個月

小小媽媽

因為現在大家幾乎都是用嬰兒揹帶，

所以小朋友在玩假扮媽媽遊戲時也是用嬰兒揹帶了呢。

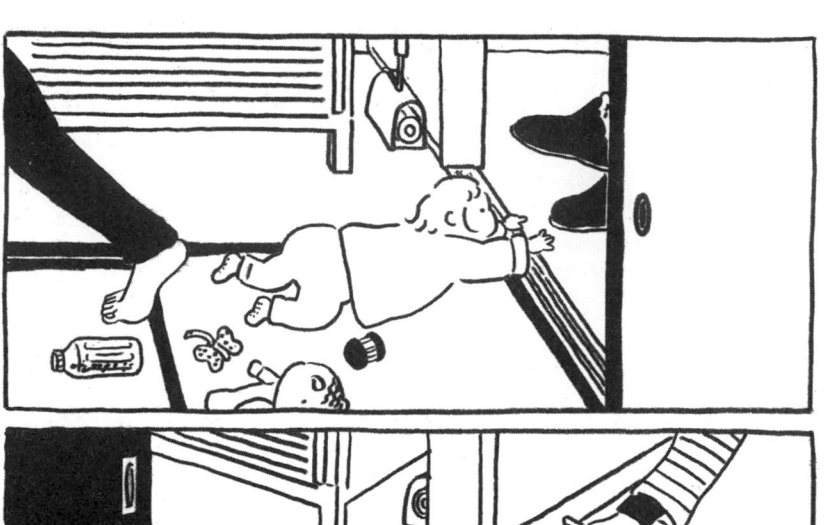

11.27 | 10 個月

爬行期，最初的獵物

寶寶開始會爬後，一開始發現到的好像是拖鞋。

因為她毫不猶豫地想放入口中，我急忙地阻止了她。

從這時候開始猛烈進入了會把一切都想往嘴裡塞的時期。

12.01 | 10 個月

其實是我自己想要

我從以前就很在意 IKEA 的扮家家酒廚房，明明女兒沒有想要，
但因為我想要所以就買好像又有點那個⋯⋯不過沒關係啦，這樣的瞬間。

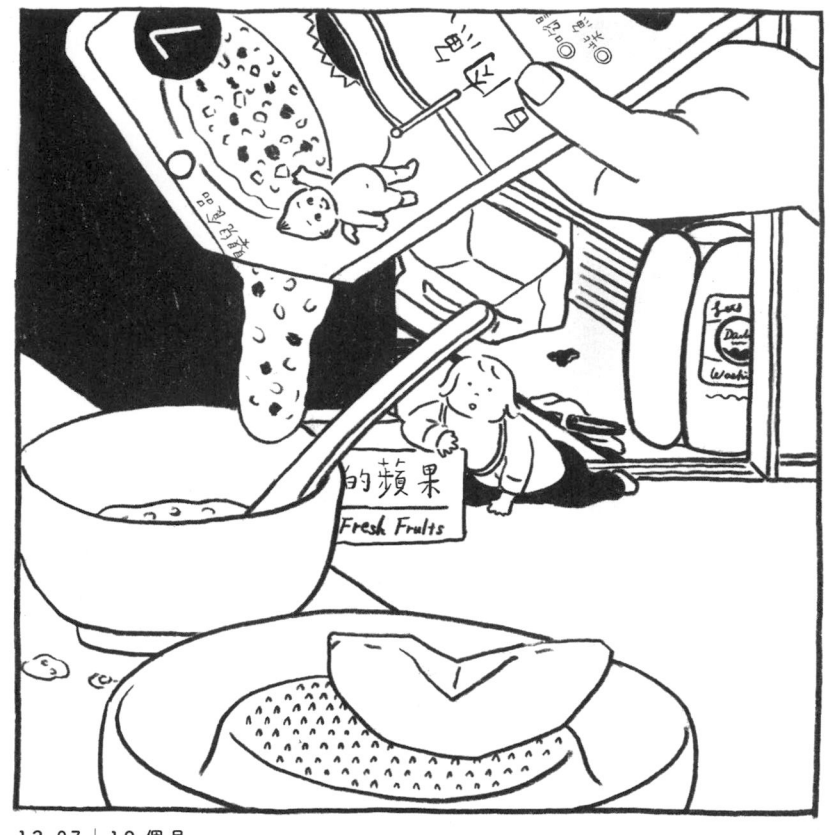

12.07 | 10 個月

一如往常的今天也是調理包餐點（和蘋果）

真是對不起啊，一邊這麼想著，一邊弄調理包的餐點給她吃。

沒關係的，因為好吃又安全，是食品企業努力下的結晶！社群網站上的網友們如此鼓勵我。

我想打破「親手下廚才是最棒的」的迷思。

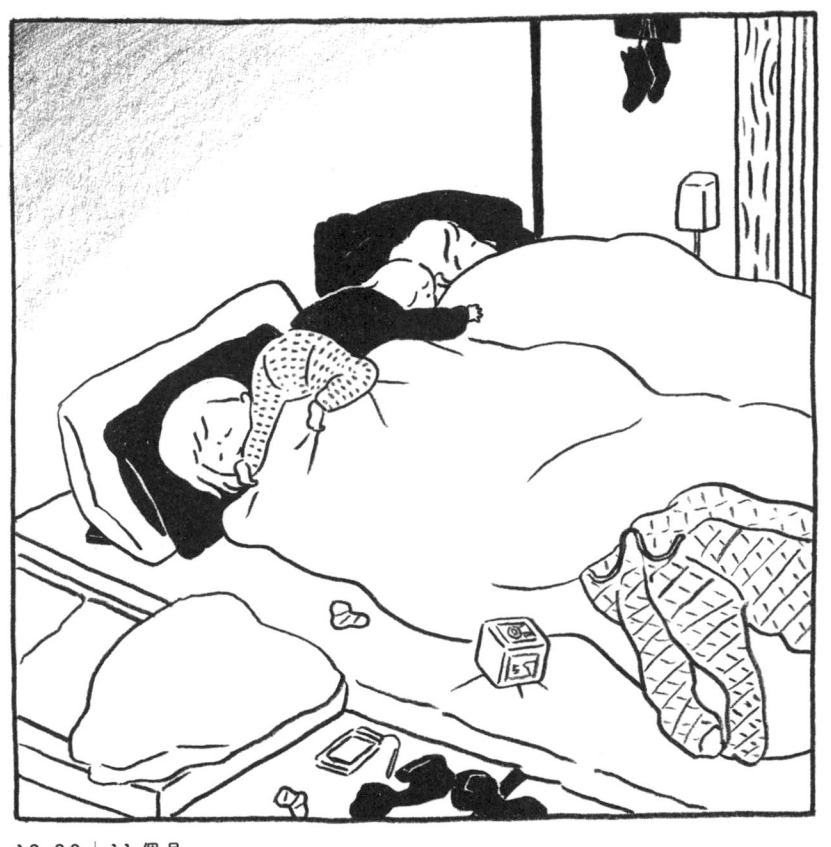

12.20 | 11 個月

起了個大早，然後在父母身上來回爬個三次

雖然早就習慣了，但同時也覺得「妳還真是沒在客氣的耶……」

12.25 | 11個月

睡相，摸索中

「你在睡覺的時候，她做了這樣的事喔。」我分享給先生知道，他聽了很高興。

在我沒看見的時候，清醒後的女兒所做的趣事，我也非常喜歡聽。

今天發生了這樣的事，閃閃發亮的每一天。

12.27 | 11 個月

喜歡宴席的剩菜

雖然昨天肚子很飽吃不下，
但今天可以用全新的心情去享受，很喜歡這種態度。

12.29 | 11個月

已做半吃完

搭著新店買來的沙拉。

接著先吃外帶的關東煮，多搭兩包子少女激動買的重要東西。

01.03 | 11 個月

被裝上兒童安全門鎖而抗議的人（腰好痛）

昨天明明還可以開的啊，真過分！雖然會抗議，但只抗議一次。

出乎意料地，心情調適得很快也說不定。

01.04｜11 個月

如事故般的用手抓食（地瓜泥）

「用手抓東西吃是地獄。」這是從朋友那裏聽來的。

但因為地獄突如其來地降臨，所以總覺得是幸運的。

01.09 | 11 個月

對破洞很執著

喜歡用手去戳破洞、磨破的地方。

身為大人會覺得有點糗，但要能夠變成她的玩具的話也就沒關係啦。

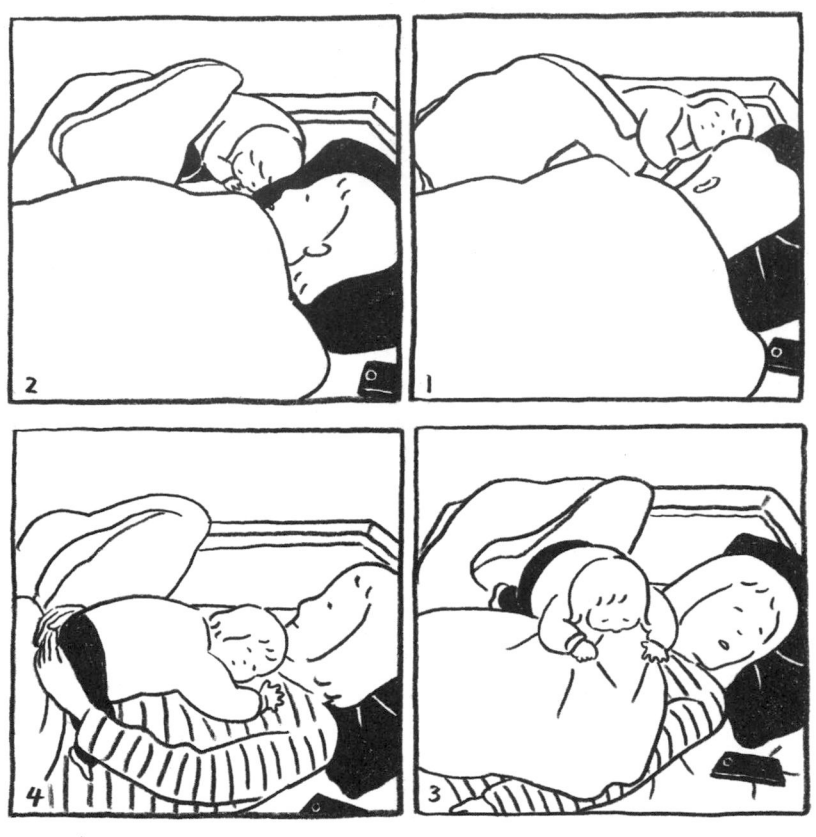

01.11 | 11 個月

有曾經被如此的需要過嗎？（並沒有）

直到產後兩個月都還有種被一條看不見的臍帶連接著的感覺。

到了現在睡覺的時候，也會找尋著我，橫跨被子黏上來。

在這種時刻，我就會心想「啊，還真是謝謝妳啊。」

01.15 | 11 個月

「在付費遊樂場想要回本的父母」和
「一塊積木就滿足的女兒」的互相爭執

因為是以十分鐘計費的遊樂場，要去球池嗎？要不要去爬爬網子？

我想推薦女兒去玩玩這些，但是女兒卻始終看著家裡也有的積木。

讓我很想吶喊「這是要付錢的唉——」

深受女兒喜愛的玩具 收藏

烹大師的紙盒

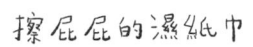

因為是她自己從垃圾袋中挖掘出來的，
所以有深厚感情的樣子。
又看又咬的，永遠玩不膩。

擦屁屁的濕紙巾

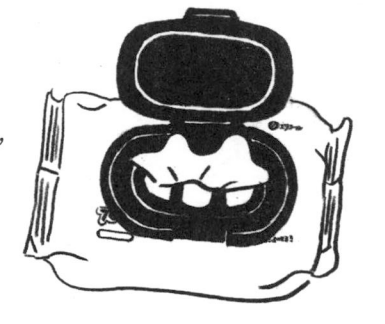

玩不膩的 No.1 擦屁屁濕紙巾。
享受著外側包裝啪哩啪哩的聲音，
惡作劇的抽出幾張，
讓父母慌張的遊戲。

尿布

襲來的尿布海嘯。
從尿布箱中倒出亂丟，
在尿布的海洋中游泳。
因為被媽媽說「託妳的福，
變得容易攤開了呢！」
所以並沒有想要停止。

在飛機上得到的繪圖板

當然還不會畫畫。
只是對於有附繩狀物的東西，
單純感到開心。

玩法實例

最適合用來

肩膀伸展！

爸爸的腿毛

一根一根嚴選後拔出的職人絕活。
因為是算準了爸爸在睡覺的時候犯案，
可以說是知法犯法。

好痛

遙控器　　　　番外篇

被沒收後
會哭著抗議。

清潔滾輪

智慧型手機

明明是我的戰利品！

1 歲了

2018. 1. 19

4.

1 歲 0 個月～1 歲 5 個月

惡作劇活躍期

從說話到站立，持續進化的時期。
移動變得靈活，塗鴉、亂抽衛生紙、
把櫃子裡的衣服全部翻出來
……總之就是會一直出手。

01.21 ｜ 1 歲 0 個月

在換尿布時逃亡

本應是仰躺著換尿布，但是她會轉一圈後變成趴著逃走。

力氣很大，從這樣的事件就能真實感受到她在長大和茁壯。

01.25 | 1 歲 0 個月

將手戳進媽媽的嘴巴，咯咯笑的遊戲

回想起來，我家女兒只有在這個時期流行過用手戳我嘴巴的遊戲。
「啊～」「喂～」如果我發出聲音振動的話，就會讓她更加笑開懷。

01.28 | 1 歲 0 個月

故意爬到我身上喝奶

只要我躺下，她一定會靠到我的身上。
喝牛奶的時候不知為何很像老頭子。

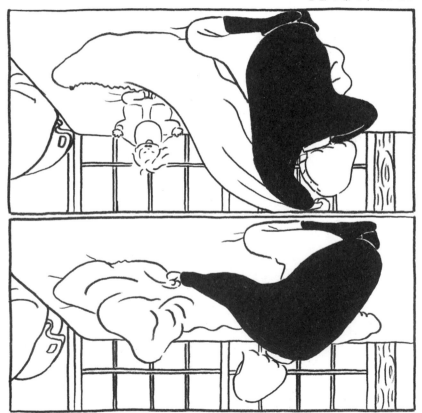

預備……起！

每個禮拜最少一起玩的遊戲之一。

電上幾上手後，然後兩個一起作氣衝刺的遊戲。

就先後女兒的睡著看因為搶著而發出怒吼的聲音。

02.01 ｜ 1歲0個月

02.06 | 1 歲 0 個月

搆不到→哭了

那個想摸、這個也想摸的次數變多了。

跟玩具相比，大人在用的東西無論是什麼都想摸。

02.12｜1 歲 0 個月

學會了拍手（宇野選手在花式溜冰場等候區的時候）

剛好是冬季奧運的賽季。

播出選手在花式溜冰場等候區拍手的樣子時，女兒也模仿了拍手。

為了站立的自主練習（這樣子的遊戲）

站在房間的角落、放手、一屁股坐在地上。

很慢才開始會走路的女兒，自發性地展開了這樣的遊戲。

得靠父母教導的事情說不定出乎我意料的少。

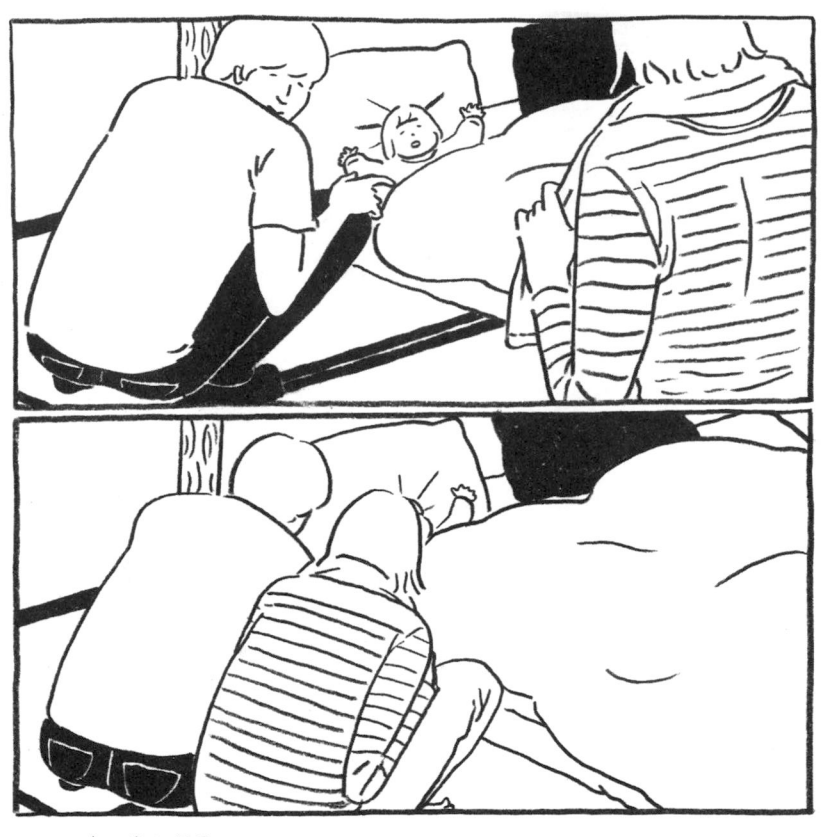

02.22｜1歲1個月

那樣的眼神，我也曾有過

看著女兒，就會和小時候父母看著我的視線重疊。

一定也是像這樣地給我疼愛關懷吧，雖然我事到如今才明白。

03.01 ｜ 1 歲 1 個月

啊啊……

我們家是租來的啊……即使這麼說也聽不懂。

真是沒辦法。

從今以後一定也會再做出讓人受驚的惡作劇吧（嘆氣）。

03.06 | 1 歲 1 個月

站立的瞬間（媽媽因為腰扭傷所以躺著，爸爸正在洗碗）

女兒站起來的瞬間是這樣的感覺。

像是進入相撲擂台的力士，重心都放在了腰上。

03.10 | 1 歲 1 個月

吃不夠的話就會大吵鬧（& 零食）

果然非常喜歡甜食。對甜食有著狂熱。

獻上從朋友那裡得知的 Baby Danone 優格後，她非常開心。

03.13 | 1 歲 1 個月

現在不想坐著啦！

想做的事情變多，伴隨而來的是，不想做的事也增加了。

「妳不想坐著對吧～」即使被說現在不想坐嬰兒車，但若不坐好的話會讓我很困擾。

對她說完之後，然後出發了。

03.23 | 1 歲 2 個月

托兒所的面談（說明所有的東西都要貼名字）

好不容易，真的是好不容易確定了托兒所。

覺得這樣就能夠工作而感到安心這件事本身也很奇怪。

想工作的人卻無法工作的社會是怎樣啊？

不過現在先暫且不提這件事，我對托兒所只有感謝。它教了我各種事情。

03.28 ｜ 1 歲 2 個月

對她的「請拿」道謝後，出現的欣喜之舞

雖然她還不會說「請拿」，但她會把玩具之類的東西遞給我。

「謝謝。」我接受之後，她就顯得相當高興。

溝通最初的起點。

廚房變舞池 Kanye West - Only One ft. Paul MaCartney

先生排了一個給女兒的歌曲播放清單。

這首名曲是為了妳而做的喔,這樣吹噓著,然後一起跳舞。

等妳長大之後,這些歌曲會對妳有所幫助吧。

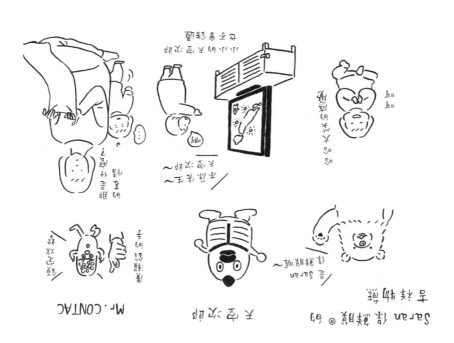

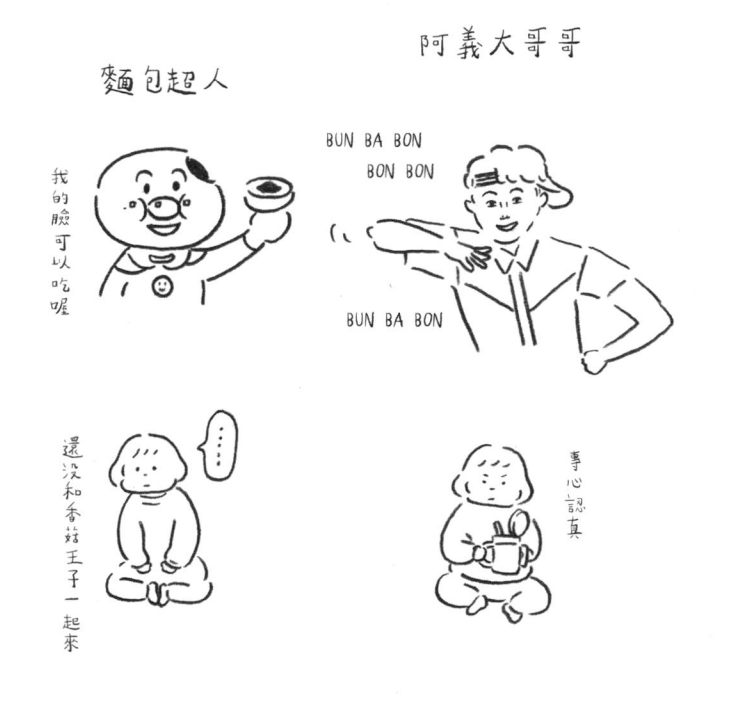

麵包超人

阿義大哥哥

我的臉可以吃喔

BUN BA BON
BON BON

BUN BA BON

還沒和香菇王子一起來

專心認真

直到習慣上托兒所為止

一開始會變得寂寞，
但是之後就會變得
有趣了喔。

從明天開始就要去托兒所了喔。

學著習慣上托兒所的首日 4 月 2 日（1）

學著習慣上托兒所的首日。

這個狀態可以順利度過第一天嗎？

那就出門囉。

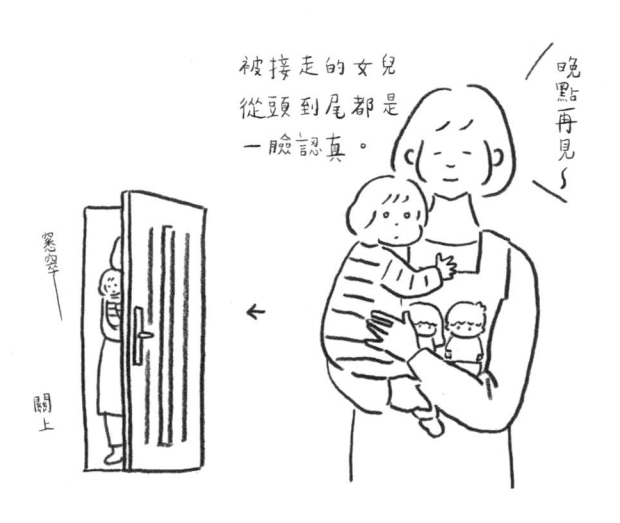

被接走的女兒
從頭到尾都是
一臉認真。

晚點再見～

冤枉

關上

學著習慣上托兒所的首日 4 月 2 日（2）
認真的表情

學著習慣上托兒所的首日 4月2日（3）
簡單小事

學著習慣上托兒所的首日 4 月 2 日（4）
覺得她是不是忘了父母。

學著習慣上托兒所的第 2 天（1）

回家路上

是我喔。

真的是母親

會確認推著嬰兒車的人

小聲地抱怨著

抱歉抱歉

啊

吶

嗚

嗚哇

啜泣
啜泣

對路上碰到的
幼稚園生拍手

啪
啪
啪

學著習慣上托兒所的第 2 天（2）
一個轉變，哭到尾。

學著習慣上托兒所的第 3 天
在到托兒所前心情很好。

交給托兒所　　　　　　　來接回家

學著習慣上托兒所的 2 週
變得可以不哭哭啼啼地交接了。

04.25 | 1 歲 3 個月

明知故犯

真的是面帶微笑。

知道什麼是不能做的事情的 1 歲 3 個月大幼兒。

05.04 | 1 歲 3 個月

這傢伙真可愛啊

覺得獻上 100 萬次左右的「可愛」都還不足以形容啊。

05.10 | 1 歲 3 個月

AM 6:10

抱歉，讓我稍微睡一下（給她看預錄的節目）

電視是偉大的。

只要看了這個的話，就會變得很乖，這是我真實的心情。

最近喜歡的
標語系T恤

05.14 │ 1 歲 3 個月

我的閱讀風格

在看《月光男孩》的女兒 。（史班歐森 —— 作）

從我小時候起就是名作的繪本，現代的繪本。

妳要多讀，去發現讓妳覺得「就是這本」的書喔。

117

1 歲 3 個月喜歡到無限重看的 名作繪本

特別喜歡
《擦！擦！擦！》

《小金魚逃走了》五味太郎・作（信誼基金出版社）

《哇，不見了！》松谷美代子・文／瀨川康男・繪（臺灣麥克）

《小白熊做鬆餅》若山憲・作（日本 小熊社）

《喀噹 喀噹——火車來了》安西水丸・作（小天下）

變得好像可以知道，
書的上下方向。

因為是用臉 ☺ 的方向
來判斷的嗎？

搞錯的時候
還是很多。

《擦！擦！擦！》
林明子 作
（臺灣麥克）

《小房子》
維吉尼亞・李・巴頓 文和圖
（遠流出版）

119

05.17 | 1 歲 3 個月

這個，唸它，妳的，工作！（這種程度的率性）

態度強勢的女兒，和原本同樣如此率性的自己重疊了。

長大成人後，卻變得非常在意周遭而活著。

真好啊，女兒的率性，真是令人憧憬啊。

05.18 | 1 歲 3 個月

我可以！

主張要自己做的事情變多了。

盡量想讓她自己做，希望她可以培養出用自己的手去學習的習慣。

05.19 | 1 歲 4 個月

兒童安全門就是用來被突破的（設置方法太天真了）

一轉眼就被突破，兒童安全門變成了無用之物。

沒辦法只好在爐子上加了鎖，手會碰到的地方盡量不放危險的東西。

兒童用品沒實際用過的話，就不會知道有不懂的地方。

05.22 │ 1 歲 4 個月

獲得走路練習的邀請

雖然還有點沒把握，但漸漸走得越來越好了。

被父母握住兩手，女兒開心地笑了。

從旁邊看起來，就像被捕獲的外星人。

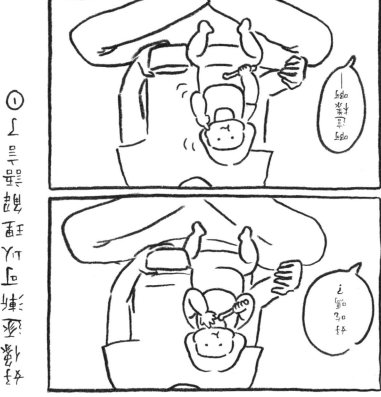

也有不還的時候。

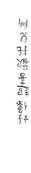

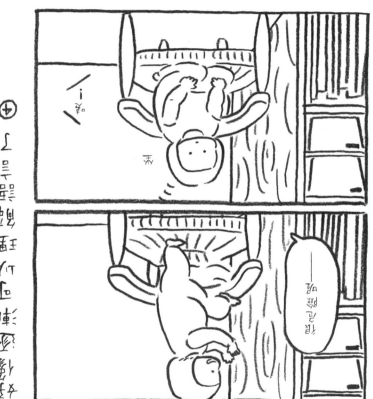

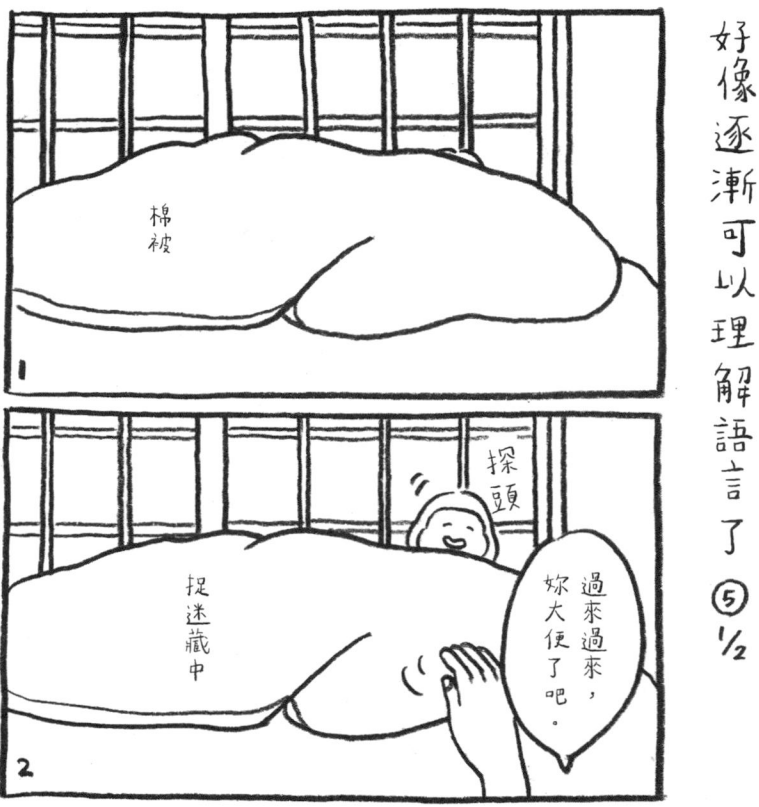

好像逐漸可以理解語言了 ⑤ ½

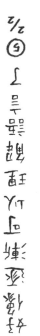

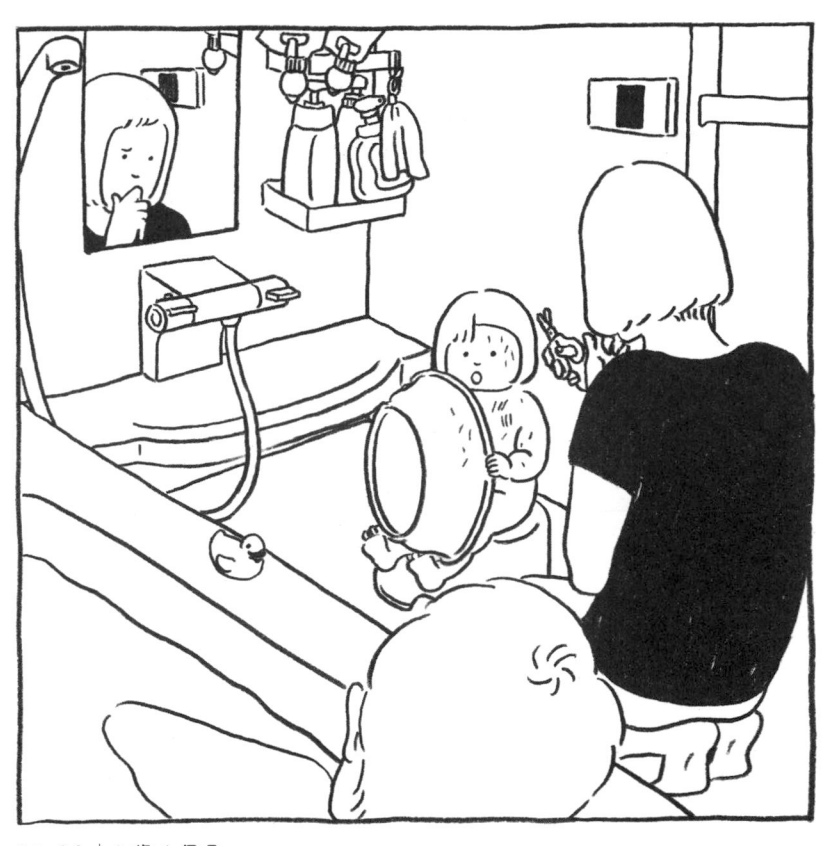

05.29 | 1歲4個月

在浴室剪頭髮

在 YouTube 上看了瀏海的剪法教學,實際上試了後剪得非常爛。

果然跟寶寶指甲刀的用法是不一樣的啊……學習中。

05.31 | 1 歲 4 個月

要讓寶寶的手不碰到貨架，需要高超的駕駛技術

不管在便利商店還是超市都會伸出手。

為了躲開貨架而習得了技術，成了推嬰兒車高手。

06.04 ｜ 1 歲 4 個月

人肉椅子

總之我就是躺著無所事事。

所以就只能坐上來了吧。就算是這樣，妳也沒輕到哪裡啊。

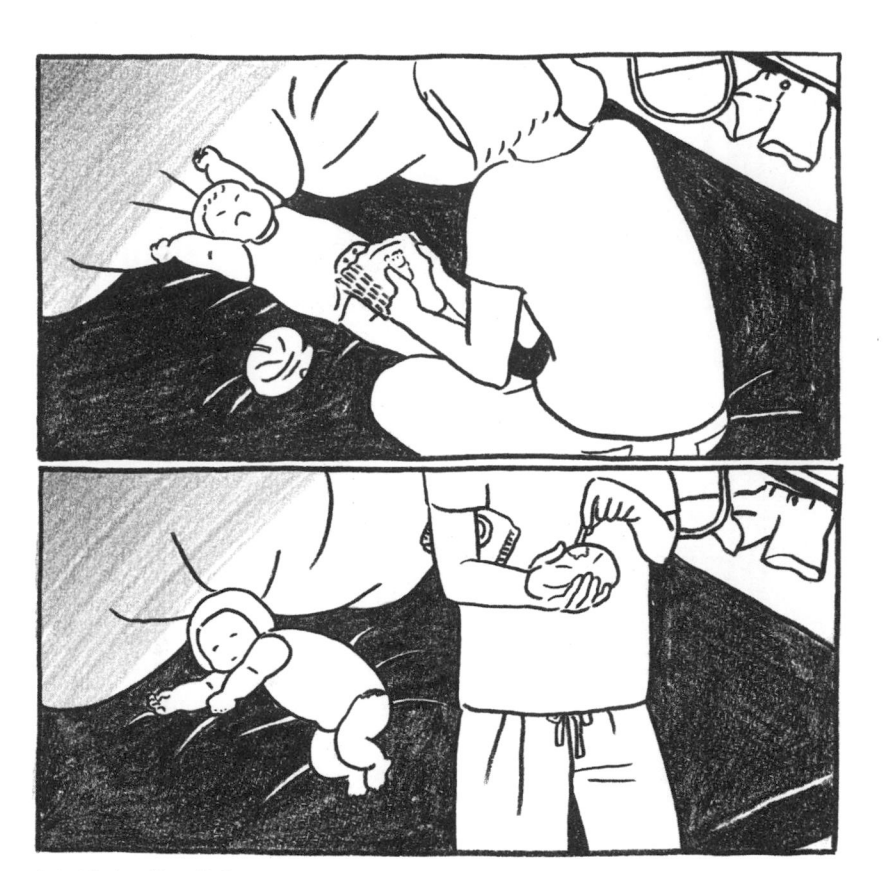

06.07 | 1 歲 4 個月

一定會伸～～～長

睡覺時換尿布的話，會長～～～長地伸～～～長。

一定會伸～～～長。到底為什麼呢？

06.13 | 1歲4個月

從冷氣開著的房間中，把冷氣放掉的工作

快住手，電費是要錢的。

竟然講不聽。

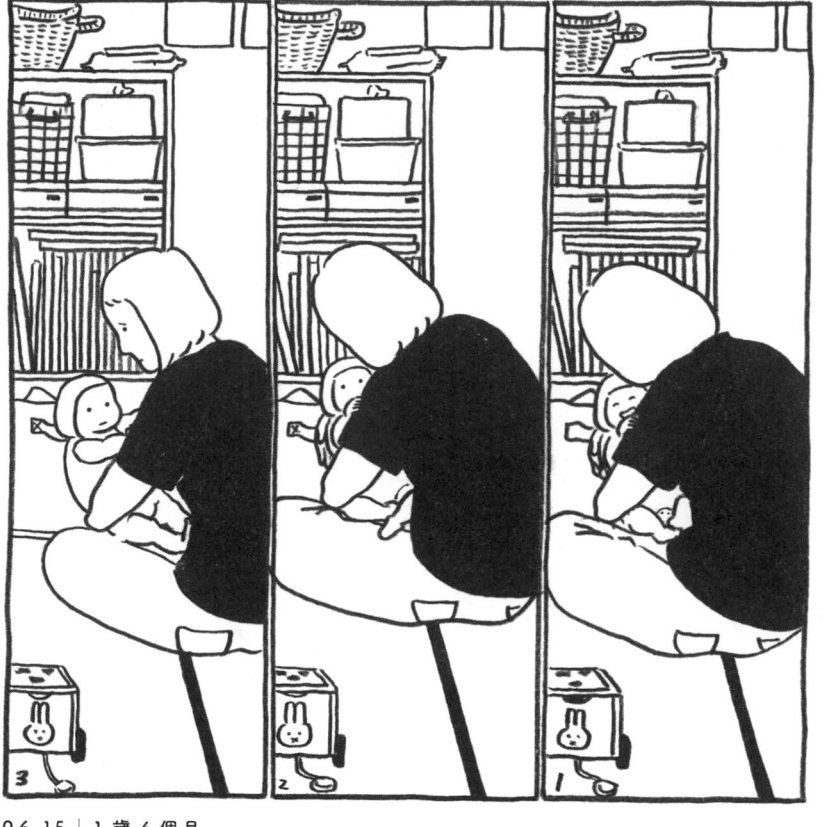

06.15 | 1 歲 4 個月

好的，抱好了、抱好了

每天都會緊緊地抱她。

她偶爾會很冷淡。

06.25 | 1 歲 5 個月

這就是傳說中的廁所跟蹤狂

因為也變得能碰到門把了，強化了跟蹤狂的行為。

06.29 | 1 歲 5 個月

一點一點地在發育長大，所以要忍耐

抽屜的兒童安全鎖簡單就被突破，每天亂翻櫃子。

即使摺得整齊也沒辦法，所以女兒的櫃子總是亂七八糟。

07.05 | 1 歲 5 個月

爸爸——

不斷靠近追逐，但又追不到。

在這之後，被抱著道歉就會重拾笑容。

07.12 ｜ 1 歲 5 個月

點名後會喊「有！」並充滿活力的舉手

上托兒所後的成長令人十分驚豔。

她會答覆所以很有趣，忍不住點了好幾次名。

07.18 ｜ 1 歲 5 個月

不會錯過《和媽媽一起》的海報

貼在兒童館的海報，一定會用手來指，不會怠於確認。

《和媽媽一起》的特別舞台場，雖然參加了抽票但沒抽中。希望有一天可以看到。

5.

1 歲 6 個月 ～ 1 歲 9 個月

孩子個性發現期

進到托兒所的這個時期。

像是會想模仿比自己大的姊姊，

還有雖然不會說話但會笑嘻嘻的時候，

能夠看出她的性格，非常有趣。

07.23 ｜ 1歲6個月

在家人的正中間

我和先生相鄰坐著的時候，她一定會進到我們之中。

即使我們中間沒有縫隙，還是會擠進來，總是在正中間。

07.26 | 1 歲 6 個月

那是在模仿我嗎？

兒童館中最喜歡的玩具是娃娃嬰兒車附的籃子。

會把籃子掛在手上緩步的走。那不就是在超市的我嗎。

07.31 ｜ 1 歲 6 個月

要讀幾次才能從這個繪本地獄中解脫呢

這個時期的「讀嘛讀嘛」非常強烈。

而且因為會越翻越多頁的關係，所以非得省略故事去讀不可，

這樣真的好嗎？有點煩惱。

08.20 | 1歲 7 個月

早啊

和早上晚上都會見到的工地大叔揮手是每日必做的事。

即使很忙也不忘比出 PEACE 手勢的大叔，謝謝你。

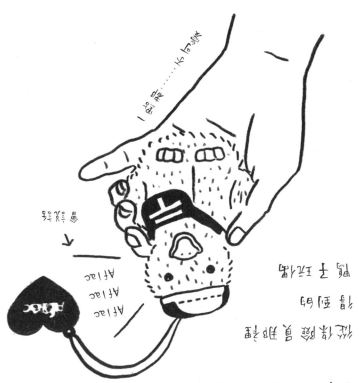

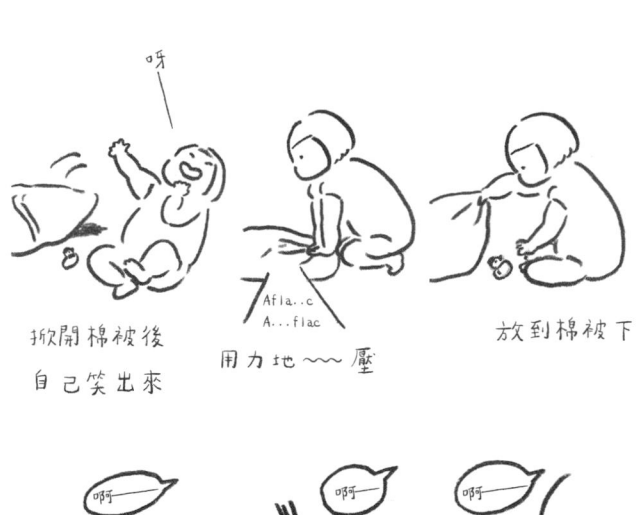

掀開棉被後
自己笑出來

用力地～～壓

放到棉被下

玩法

潑冷水

用繪本的書角
去大力打

小力打

在各種殘酷對待的同時，
也會一起睡覺。

當場做的一件式洋裝

媽媽的內褲。→
不知為何
不放手……

套上媽媽的背心後
← 就變成了
一件式洋裝

在百元前剪髮店，
前了瀏海。

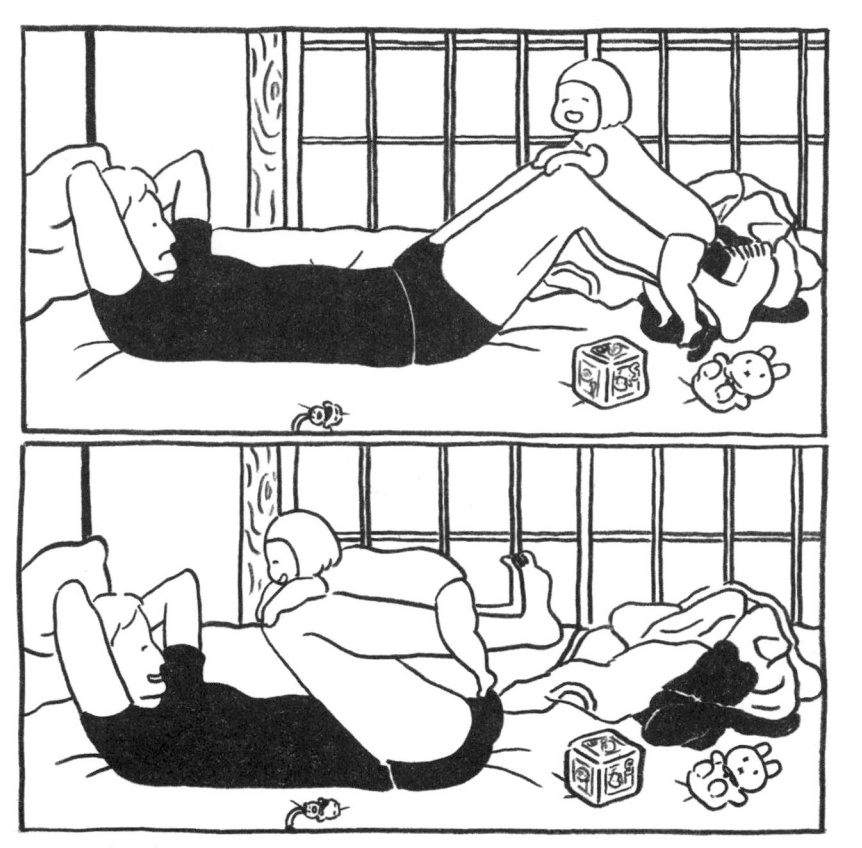

08.23 | 1 歲 7 個月

體重 9 公斤

搭著小腿肌肉訓練。

靠近臉的時候就會笑出來。大家都幸福快樂的肌肉訓練。

09.06 ｜ 1 歲 7 個月

草莓禮盒一個啊

要從已經注射有麻醉了嗎，我躺床上還接進去。

09.07 | 1 歲 7 個月

真 — 好 — 吃

女兒能夠比出得意的手勢，好吃！

現在覺得好吃的時候，也會在臉頰上畫圈。

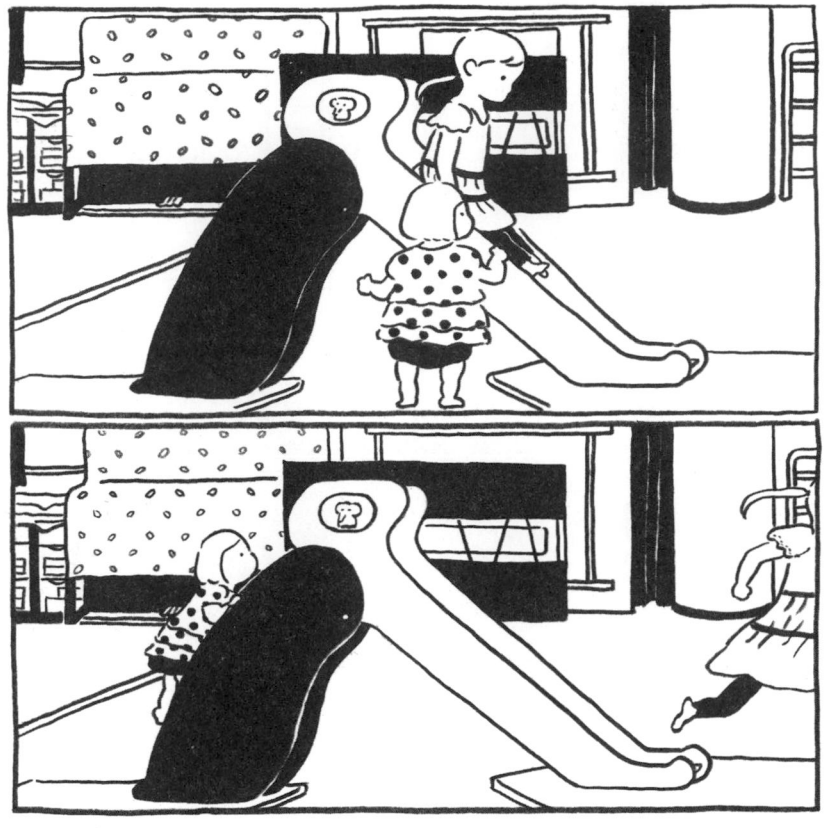

09.08 | 1 歲 7 個月

緊跟上小姊姊

只要看見比自己大一點的小姊姊，就會從後面跟上去，模仿對方。

對女兒來說，是嚮往的存在吧。

09.10 ｜1歲7個月

嘔～吐～瀑布

真的是服了這招了。

水含在口中，打開嘴巴，讓水緩慢流出的遊戲。

如果是水的話也就算了，要是牛奶或果汁就真的是……

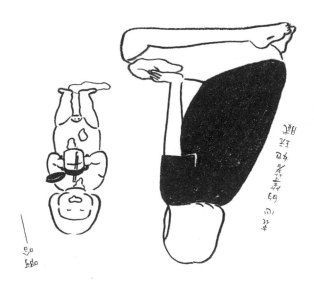

09.11 | 1 歲 7 個月

說不定，是世界第一可愛⋯⋯

沒錯，妳就是世界第一可愛。

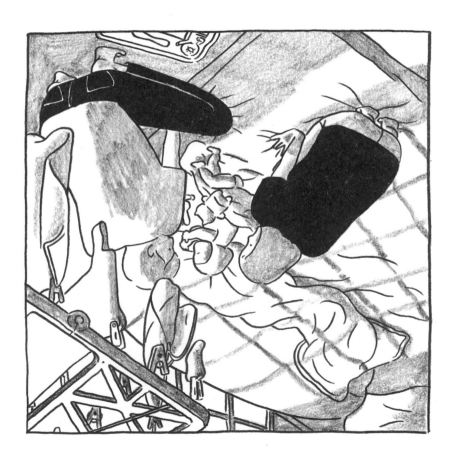

09.14 | 1 歲 7 個月

我回家了

米飛兔玩偶是我產後 2 個月左右來到家裡的。

女兒最初並不感興趣，她過了 1 歲左右的時候就變得超喜歡。

現在已經是她不可或缺的朋友了。

09.18 | 1 歲 7 個月

夜哭兩小時

搞不清楚原因，陪她耗了兩小時相當心累。

但是她早上醒來時又是閃閃發亮的笑臉。昨晚到底是怎樣啊？捏著她的臉頰問。

有種鬼打牆的感覺。

點亮的時候又有了，我瞬著滾落掉在桌上。

09.19 | 1 歲 8 個月

為什麼吃到一半的麵包會出現在櫃子裡？

變硬的麵包從各種地方出現。

要乾淨整潔地好好過日子是不可能的。

09.21 | 1 歲 8 個月

我是脫書衣的職人，今天也是拼了命工作。

看到書後就會立刻拿掉書衣。

因為她一副當成使命，專心在做的樣子，阻止她也不好。

這時候就希望也有穿書衣職人來啊。

09.27 ｜ 1 歲 8 個月

過來玩！

來玩嘛！態度很強硬。

工作是不能當成理由的。

但是總覺得很開心的媽媽。

總覺得……感謝。

啊哈哈

我跟著她去的話，她就會很高興。

10.05 | 1 歲 8 個月

照顧的俄羅斯娃娃

會對著米飛兔哄睡、稱讚米飛兔真乖真乖，簡直是小小的媽媽。

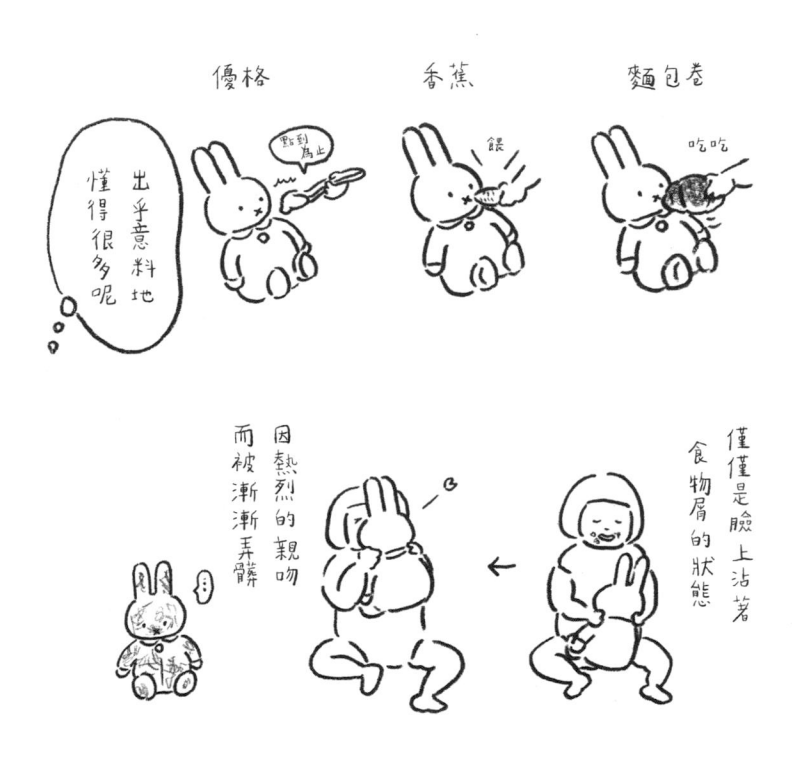

優格　香蕉　麵包卷

出乎意料地懂得很多呢

點到為止

餵

吃吃

僅僅是臉上沾著食物屑的狀態

因熱烈的親吻而被漸漸弄髒

10.09 | 1 歲 8 個月

屁股屁股……

被她抱住的話，我盡量會緊抱住她，

事情暫時無法放下的時候就會是這樣的感覺。強勢進攻屁股，害人笑出來。

10.13 │ 1 歲 8 個月

車廂裡的各位，再見～

她對世界真是友好啊，我如此想著。

對全世界揮手而活著。

10.18 | 1 歲 8 個月

那個小小的是什麼

看到親戚的 0 歲嬰兒時的反應很警戒。

明明自己也無法從抱抱中離開，但是對方睡了之後，就有了姊姊風範的女兒。

因為睡了所以感到安心嗎？讓人見識到了大上幾歲的餘裕。

拍　拍

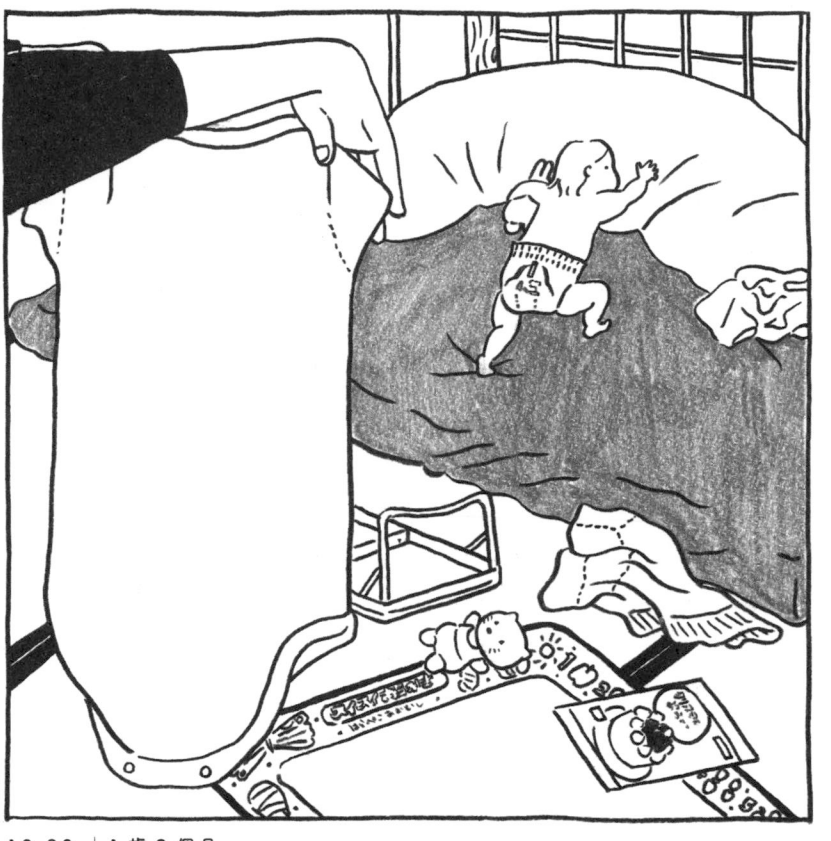

10.20 | 1 歲 9 個月

洗完澡 看到內衣 急忙逃跑（為何）

是打算玩遊戲嗎，洗完澡後女兒到處逃跑。

在穿上內衣之前都算洗澡唷！

10.30 ｜ 1 歲 9 個月

會穿褲子了！

啊，這個也會做了啊，每日都有新發現。

雖然現在不會穿，但總是能學會的。

11.02 | 1 歲 9 個月

我不接受～

她說想要在房間裡開傘，但我說這把傘傘骨刺刺的很危險所以不行，她就大哭了。

不行的事就是不行。

11.06 ｜1 歲 9 個月

外出時有一半的時間都在等待（的感覺）

假日在等電梯的時間多上了許多。

有時候排隊人龍很長，得目送電梯離開好幾次。

生孩子前我是個性急的人，但現在已逐漸習慣了等待。

11.07 ｜ 1 歲 9 個月

燈點亮了！

這時的笑臉不知為何烙印在眼中。

「我做到了！」像這樣的喜悅，希望今後也能讓我看到。

11.11 ｜ 1 歲 9 個月

手脫臼了送往急診（已經沒事了）

雖然很焦急，但一瞬間就被治好了。

也知道了急救的流程，覺得自己稍微變強了一點。

打電話給 #7119

急救諮詢中心

說明了來龍去脈…

「我會介紹幾間您附近的
整形外科，請筆記下來。」

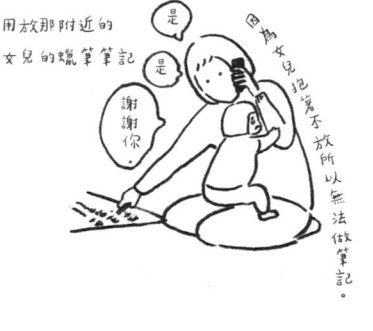

用放那附近的
女兒的蠟筆筆記

是

是

謝謝
你

因為女兒抱著不放所以無法做筆記。

打電話給最近的醫院，詢問看診的事。
聽說這叫「扯肘症」。手脫臼的狀態。
一瞬間就被治好了，
馬上抱住了米菲兔。
沒發展到嚴重事態
真是太好了！

像是一家三口幸福風景的樣子，
然而內心很擔心她的手會脫臼。

現在 2 歲

11.16 | 1 歲 9 個月

我不回去，我要玩遊戲

雖然告訴她這不是遊玩的地方喔，但是五彩繽紛的商品排在一起，很有趣吧。

6.

1 歲 10 個月～2 歲

真正四處跑跳期

一歲時的調皮搗蛋是很可愛的行為。

能走後變得會跑，真的是不能離開視線。

希望至少可以牽著我的手。

11.22 | 1 歲 10 個月

坐在水窪中（絕望）

在帶小孩時，有些狀況是自己情緒沒辦法馬上反應過來的。

身體會動彈不得，腦中暫時一片空白，只想要哭。

只能強迫自己的內心去說服自己。

一想到回家之後要洗滿是
泥巴的衣服就想哭了，
但是現在她想做的事情，
我不會阻止的（順其自然）。
我很了不起呢！

自我安慰的圖

11.28 | 1 歲 10 個月

喔，在拍照嗎！讓我看一下！

會偷偷拍下她的照片和影片，但是大部分都會被她發現。

被攝者不見的話，就不能拍了啊。

看到剛出生的影片
不會覺得是自己嗎？

超喜歡自己的影片

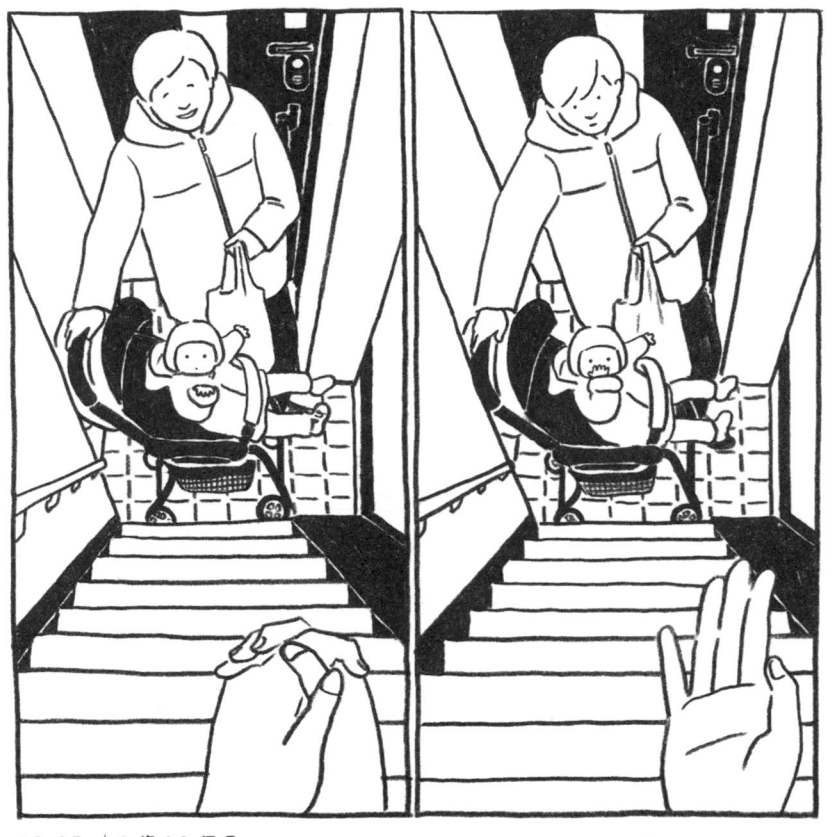

12.07 ｜ 1 歲 10 個月

不小心學會了飛吻

送她出門時做了飛吻後，她也變得會回飛吻了。

最近也會擊掌。

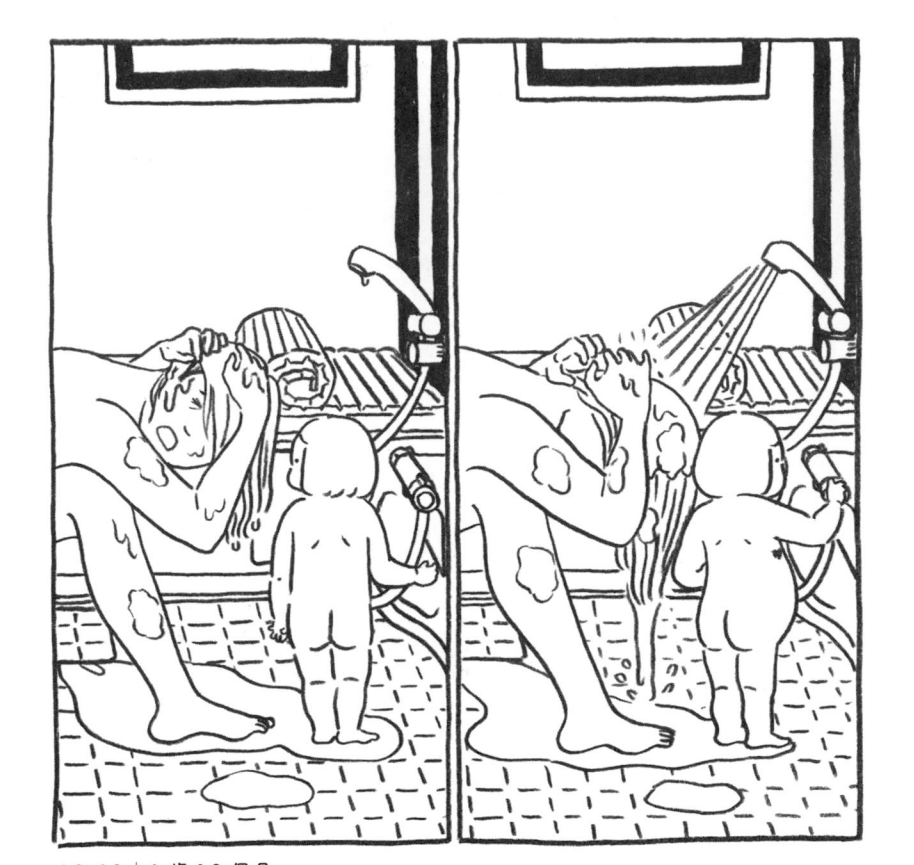

12.13 | 1歲 10 個月

省水高手

因為她很快就會關掉淋浴的水,所以很難把頭髮洗乾淨。

總之體驗到快速洗完之術的我。

12.19 | 1 歲 11 個月

為搬家做準備

準備搬家時，會出現一堆平常沒看過的各種東西，
女兒好像很開心的樣子。
拿著不知道要不要丟的壺和蓋子咔咔互敲地玩著遊戲。

12.27 | 1 歲 11 個月

禮物好可怕

幾個禮拜後，我們又拿出芮咪娃娃時，依舊是同樣的反應。

她會眼睛瞪大身體僵硬，我們只好說：「今天就先這樣吧！」

然後把娃娃藏起來，她才又恢復笑臉。何時才能敞開心房呢？

被選為聖誕節禮物的
芮咪娃娃

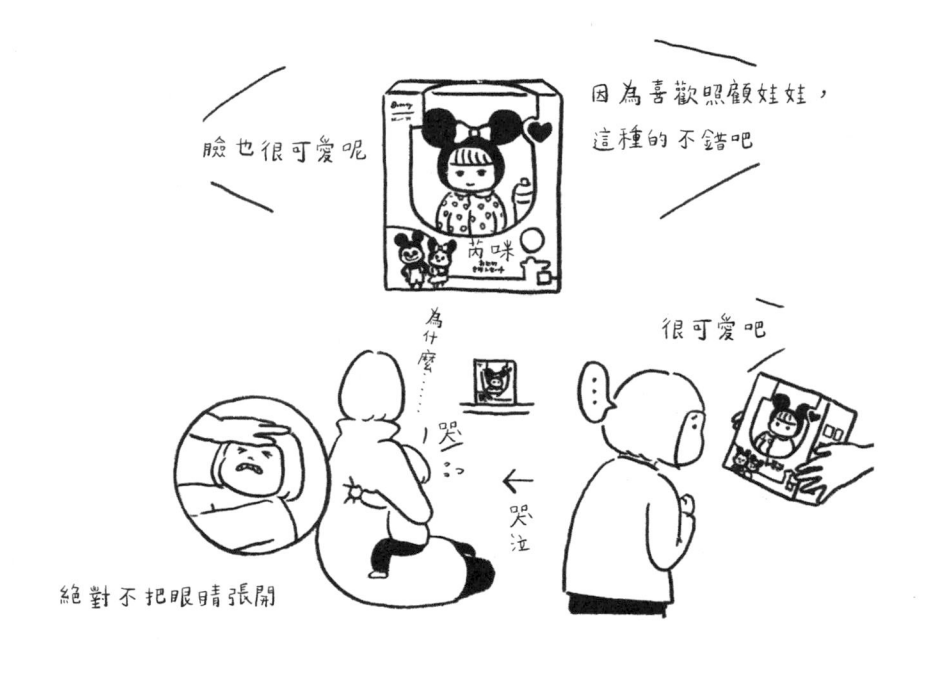

臉也很可愛呢

因為喜歡照顧娃娃，這種的不錯吧

芮咪

很可愛吧

為什麼……

哭哭

哭泣

絕對不把眼睛張開

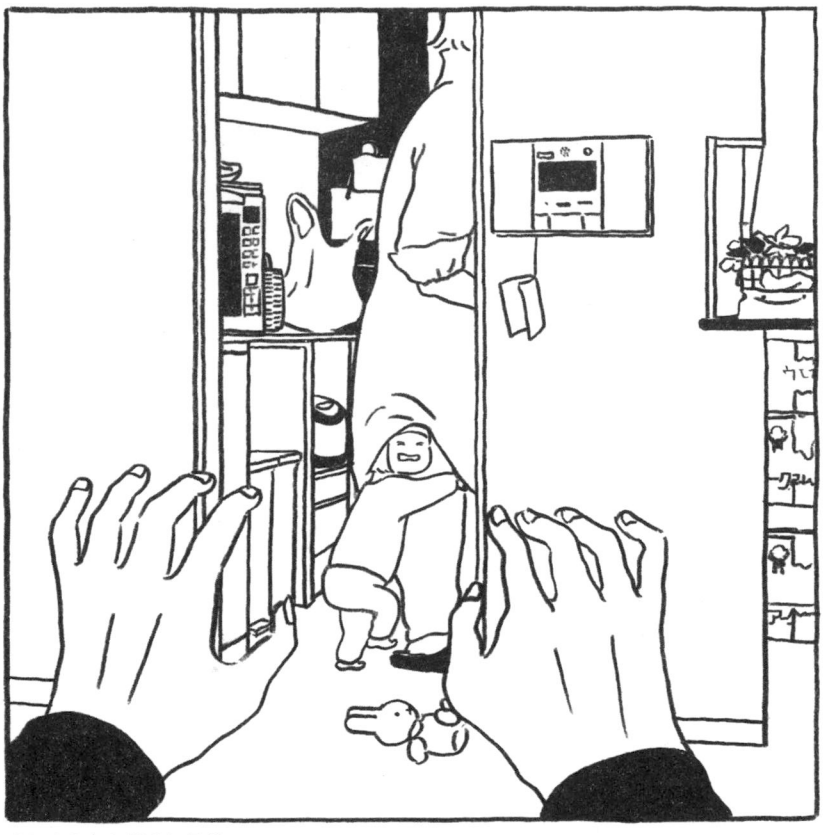

01.05 | 1 歲 11 個月

呀、呀啊～～

常玩的遊戲，爸爸怪吼著接近後，她就會尖叫著逃跑。
因為逃進了我的裙子中，我也笑了出來。

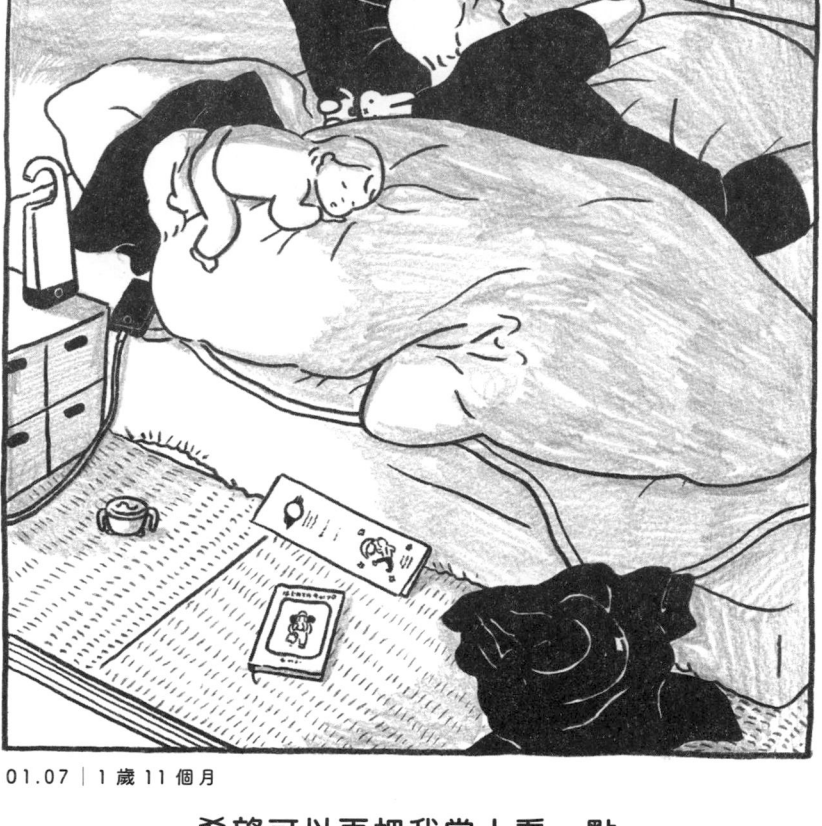

01.07 | 1 歲 11 個月

希望可以再把我當人看一點

睡相有夠差的。

也有過脖子被勒住的時候，這就是戰鬥啊。

還有為什麼，這麼沒來由地討厭棉被啊，真是個謎。

01.18 ｜ 1 歲 11 個月

在哪裡在哪裡一

　　雖然完全露出破綻，但是她興奮等待的身影讓人會心一笑。

　　「在哪裡在哪裡一」出聲尋找她，她就一副要說出「我在這裡喔一」的跑出來。

2019.1.19

乙葉了2

覺得伸展之後，
就會長大。

嗯

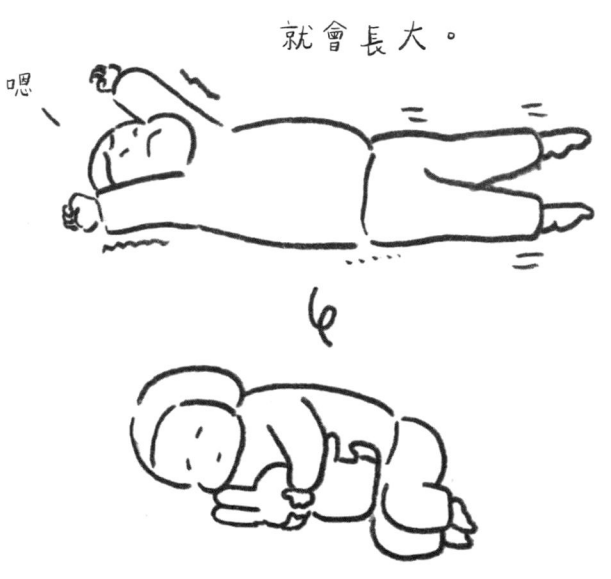

以她的步調前進著

救護車
嗶～啵～

玩具筆

感應圖後就會説出
物品名字的玩具

筆，没～有

今天早上，
一變成兩歲後
就會説兩個單字

有了，
有了

後記

小的時候，有個問題我曾經問過好幾次。

「我是個怎樣的小孩呢？」

然後母親凝望著半空中，思考後這樣回答：

「妳啊，是個不用讓人費心照顧的小孩喔。」

這真是個最無聊的答案。

若是因為半夜哭得很激烈，或是吃得很少讓父母傷透腦筋，

而說很難養我還覺得比較好一點。

因為就可以有「哈哈，因為我很可愛，所以你們才努力不懈地把我養大吧。」

的這種害羞的心情。

什麼嘛！居然說我是個不用讓人費心照顧的小孩。

但是現在我明白了。

203

因為人是會遺忘的。

養育孩子是每日都在持續更新的。

會因為當下的狀況，而不小心地逐漸遺忘過去的事情。

我想讓女兒知道「妳在小嬰兒的時候，是這樣的小孩喔」。

不對，是因為我自己也不想忘記，

於是便開始畫下的就是這本《育兒百景》。

而在發表到社群網站後，不可思議的事情發生了。

明明畫的是極度自我的風景，

卻收到了「和我家一模一樣欸！」的留言。

不管是這個亂七八糟的房間，還是邋遢的生活，

只要想像著和其他家庭有所連結，就會湧現勇氣。

稍微離題一下，我成為插畫家已經大約有十年了，

總是沒日沒夜地忙著畫圖。

那樣的日子，因為生產和育嬰而第一次放下工作。

完全停止工作了三個月左右吧。

我心中感到惶惶不安。

之後是不是就沒有工作會找上門了，

因為生小孩而停下腳步的話是不是一切都結束了。

像這種時刻，就會覺得自己是不是要完蛋了。

我離夢想還有一大段路要走，也不是個才華洋溢或活力充沛的人，

於是在夢中描繪的遠景已無法延續，我放棄了。

而在那段時期開始畫的就是女兒的圖。

我抱持著輕鬆的心情，畫想畫的東西，

而且也很想畫很多其他多餘的東西。

為了即使在孩子身邊也能畫圖，

用了和之前畫材都不一樣的鉛筆，開始嘗試畫線條。

反觀插畫案通常是不能畫進多餘的物件的（大多數）。

而是要反覆刪去會讓資訊產生混亂的物件，

統整後再精簡地畫出作品。

然而我想畫的東西，除了女兒本身之外，

她身邊的各種多餘物品，也引起我了的注意。

明治的塊狀配方奶、貝親的哺乳瓶、充氣型嬰兒浴盆、

熊寶寶的嬰兒搖椅、無印良品的手電筒。

想要投注感情地畫下，只有現在這個時期她會用到的東西。

然後過了一陣子後，想要有「啊啊我以前用過這東西」的回憶。

這是第一次自己想怎麼畫就怎麼畫。

相較過去只是思考著插畫工作案的我來說是新鮮的體驗，

描繪女兒和周遭生活的這件事讓我覺得非常地療癒。

「孩子是遲早會離去的訪客。」

這句話是我在某個地方聽到的。

我覺得，真的是這樣沒錯。

在一起生活的時間最多也就20年。

在那之前，我要幫女兒打好人生的基礎。

說起來容易，但老實說，我不知道該做什麼才好。

只是，我們夫妻倆討論完後決定了一件事。

也不要因此輕忽自己的人生，會協力擠出時間，讓彼此可以做想做的事情。

我理解到兩個人一起面對的話，原先想放棄的事情也總會有辦法解決的。

到了當女兒要離去的時候，我會開心地為她餞行。

為此，我也必須以我自己的方法為自己的人生負起責任。

（女兒啊）⋯媽媽因為思考了關於妳的事情，

而被迫站在分歧的路口，猶豫不決很迷惘呢。

最後，對於在這本書出版之際，而給予我關懷的的眾人，

決定出版實體書的KADOKAWA編輯部（同樣養育著2歲女兒的）藤田小姐，

以及負責書籍裝幀設計的川名先生，致上我的感謝。

完成了一本很棒的書。

2019年6月　窪彩子

育兒百景

Slice of Life

作者｜窪彩子

譯者｜林宜柔

編輯｜蔡亞霖

設計｜萬亞雰

發行人｜王榮文

出版發行｜遠流出版事業股份有限公司

地址｜台北市中山北路一段 11 號 13 樓

劃撥帳號｜0189456-1

電話｜(02) 2571-0297

傳真｜(02) 2571-0197

著作權顧問｜蕭雄淋律師

2022 年 12 月 1 日 初版一刷

定價｜新台幣 420 元

缺頁或破損的書，請寄回更換

有著作權·侵害必究 Printed in Taiwan

ISBN ｜ 978-957-32-9843-4

http://www.ylib.com E-mail ｜ ylib@ylib.com

育兒百景 Slice of Life / 窪彩子作；林宜柔譯.

-- 初版. -- 臺北市：遠流出版事業股份有限公司，2022.12

面； 公分 ISBN 978-957-32-9843-4(平裝)

1. CST: 育兒 428 111016398

重點 0 劃重點明朝

212

窪太太，

需要派接送車嗎？

我有叫計程車了。因為還要先去嬰兒用品店。

啪嚓

多謝你們的照顧。

沒來由的覺得若我不小心睡著的話女兒就會死掉。

這份沒來由持續了1個月。

220

小生命現在，
正毫不費力地，
用自己的雙腳在奔跑著。

完